“千万工程”简明手册

杨　霞　张　红　李洪梅　张　玉　主编

图书在版编目(CIP)数据

"千万工程"简明手册 / 杨霞等主编. --北京：中国农业科学技术出版社，2024. 6. -- ISBN 978-7-5116-6894-3

Ⅰ. F320. 3-62

中国国家版本馆 CIP 数据核字第 2024EF3125 号

责任编辑 白姗姗
责任校对 李向荣
责任印制 姜义伟 王思文

出 版 者 中国农业科学技术出版社
北京市中关村南大街 12 号 邮编：100081
电 话 (010) 82106638 (编辑室) (010) 82106624 (发行部)
(010) 82109709 (读者服务部)
网 址 https://castp.caas.cn
经 销 者 各地新华书店
印 刷 者 北京地大彩印有限公司
开 本 140 mm×203 mm 1/32
印 张 5
字 数 125 千字
版 次 2024 年 6 月第 1 版 2024 年 6 月第 1 次印刷
定 价 39. 80 元

《“千万工程”简明手册》

编委会

前　言

乡村建设是国家现代化建设的重要内容。“千万工程”实施20多年来，以人居环境整治为起点，将文化内涵挖掘、生态经济发展等充分融合，探索出一条推动乡村全面振兴的科学路径，在改善农村生产生活条件、提高农民生活质量、促进农民生活方式转变和文明素质提高，进而改变农村落后社区的状况，推动农村全面小康社会建设上，起到了积极的促进作用。

本书共十章，包括千村示范、万村整治的提出背景，乡村产业，乡村建设，乡村生态文明建设，乡村治理，城乡融合，乡村人才振兴，乡村文化振兴，乡村组织振兴，农业农村现代化等内容，具有很强的针对性、操作性和说服力，是广大党员干部学习运用“千万工程”经验、深入实施乡村振兴战略的重要参考。

编　者

2024年5月

目 录

第一章 “千村示范、万村整治”的提出背景

第一节 “千万工程”背景

“千万工程”即“千村示范、万村整治”工程，是时任浙江省委书记习近平同志于 2003 年亲自谋划、亲自部署、亲自推动的一项重大决策。

该工程以改造农村人居环境为切入点，旨在解决农村发展中面临的环境、经济和社会等多方面问题。其目标不仅是整治环境，还包括推动乡村产业发展、提升农村居民收入、促进城乡融合等。

2024 年 2 月 3 日发布的 2024 年中央一号文件强调，要学习运用“千万工程”经验，把推进乡村全面振兴作为新时代新征程“三农”工作的总抓手。目前，“千万工程”的经验已在全国多地推广，为各地的乡村振兴和农村发展提供了重要的借鉴和指导。

其实施背景主要包括以下方面。

一、宏观政策层面

（一）国家发展战略调整

随着中国经济的快速发展，国家逐渐意识到农村发展对于整体经济社会稳定和可持续发展的重要性。从“以农补工”到“工业反哺农业、城市支持农村”的战略转变，为“千万工程”的提出奠定了政策基础。

（二）城乡统筹发展的需要

长期以来，城乡发展不平衡，农村在基础设施、公共服务、经济发展等方面远远落后于城市。为了缩小城乡差距，实现城乡共同繁荣，需要有针对性的政策和工程来推动农村的发展。

二、农村现实状况层面

（一）生态环境恶化

大量农村地区存在垃圾乱扔、污水乱排、厕所简陋等问题，导致土壤、水源和空气受到污染，生态系统遭到破坏。一些村庄周边的河流变成了臭水沟，山林也遭到了过度砍伐。

（二）基础设施落后

道路狭窄崎岖，交通不便；水电供应不稳定，经常出现停水停电现象；通信网络覆盖不足，信息传递不畅。这严重制约了农村经济的发展和农民生活质量的提高。

（三）产业发展乏力

农业生产方式粗放，农业产业化程度低，农产品附加值不高。农村工业缺乏规模和竞争力，服务业发展滞后，农民增收渠道有限。

三、社会对食品安全和生态产品的需求

随着人们生活水平的提高，对绿色、有机农产品和优美生态环境的需求不断增加。农村作为农产品的主要生产地和生态资源的富集区，有责任和潜力满足这些需求。

第二节　“千万工程”目标

“千万工程”是一项旨在推动农村全面发展的重大工程，

其目标具有如下的特点。

一、生态宜居目标

致力于改善农村的生态环境，包括但不限于以下方面。

加强农村污染治理，如严格管控工业废水、废气排放，减少农业面源污染，整治农村生活污水等。例如，在一些地区通过建设集中式污水处理设施，使得污水达标排放，保护了周边的河流和土壤。

提升农村绿化水平，大规模开展植树造林活动，增加村庄的绿地面积。像浙江省的一些乡村，通过打造美丽庭院和公共绿地，营造出了绿意盎然的乡村景观。

推进农村垃圾处理，建立完善的垃圾分类、收集和处理体系，实现垃圾的减量化、资源化和无害化。

二、产业兴旺目标

发展特色农业产业，结合当地的自然条件和资源优势，培育和推广特色农产品。如某些山区发展高山有机茶叶种植，形成了具有地域特色的农业品牌。

促进农村一二三产业融合，推动农业与加工业、服务业的协同发展。例如，一些农村依托农业产业，发展农产品加工和乡村旅游，延长了产业链，增加了农民收入。

加强农村电商发展，拓宽农产品销售渠道，让农村的优质产品走向更广阔的市场。

三、乡风文明目标

弘扬优秀传统文化，保护和传承农村的历史文化遗产、传统技艺和民俗风情。不少村庄通过举办民俗文化节等活动，让传统文化重新焕发生机。

加强农村精神文明建设，开展文明家庭、文明村等创建活动，提升农民的文明素质和道德水平。

推动移风易俗，破除陈规陋习，树立文明新风尚。

四、治理有效目标

加强农村基层党组织建设，发挥党组织在农村治理中的领导核心作用。

完善村民自治制度，鼓励村民积极参与村庄事务的管理和决策。例如，通过村民代表大会等形式，让村民对村庄发展规划有更多的发言权。

加强农村法治建设，普及法律知识，提高农民的法治意识，依法维护农村社会秩序。

五、生活富裕目标

增加农民收入，通过产业发展、就业扶持等多种途径，让农民的钱包鼓起来。

完善农村基础设施，如道路、水电、通信等，改善农民的生产生活条件。例如，实现农村道路硬化"户户通"，方便了农民出行和农产品运输。

提升农村公共服务水平，包括教育、医疗、文化等方面，让农民享受到与城市居民同等的公共服务。

第三节 "千万工程"助力乡村治理的理论基础

一、"千万工程"丰富乡村治理组织资源

进入21世纪，中国农业农村工作取得了巨大成就，但乡村治理形势仍然严峻，如人居环境恶化、公共产品供给不足等。乡村治理是一项复杂的系统工程，需要大量组织资源，协调分配各主体之间的行为规则及利益关系。因而，丰富组织资源是推动乡村治理效能提升的关键环节。在实施"千万工程"中，坚持党建引领、大抓乡村基层党组织建设，解决了乡村治

理中组织资源匮乏的问题。

“千万工程”是重塑乡村发展模式的重要变革，面临的现实困难与风险挑战错综复杂，持续推进的关键是坚持党的全面领导。习近平总书记在浙江省工作期间要求，各级党政主要负责人要切实承担“千万工程”领导责任，充分发挥基层党组织的战斗堡垒作用和党员的先锋模范作用。在具体实践中，“千万工程”明确“五级书记”齐抓共管，坚持“第一书记亲自抓、分管领导直接抓、一级抓一级、层层抓落实”的分级负责责任制。党的领导实现了乡村治理从顶层设计到具体实践的层层贯彻落实，为乡村治理的统筹协调和资源整合提供了有力的政治保障。

二、“千万工程”激活乡村治理内生动力

历史经验表明，形成内生动力是做好乡村公共事务治理的必要条件。“千万工程”实践中充分尊重农民主体地位，激发基层自主性与创造性。

一方面，引导农民、企业等多主体参与各类乡村治理，探索多元主体参与公共产品供给的有效机制，形成多主体参与的治理格局；另一方面，积极鼓励基层创新乡村治理的治理载体、激励机制，形成完善的乡村治理体系。

“千万工程”实施中，浙江省不仅大力支持农民参与乡村建设中的规划、管理、监督等各个环节，还通过引导农民参与乡村生产、生态资源的整合改造，推动农民共同参与人居环境治理。此外，浙江省还充分调动企业、合作社的积极性，支持“企业+合作社+农户”“企业+基地+农户”等乡村产业发展模式，引导市场主体参与乡村治理，有效解决了乡村公共产品的营运与管护问题。

三、完善的乡村治理体系是乡村治理的内生动力

“千万工程”实施中，各地探索出许多具有创新性的乡村

治理方式，开展了丰富的构建乡村基层治理体系实践。开展基层治理探索实践，形成了以村民自治为核心、法治为根本保障、德治为坚实基础的"三治融合"乡村治理体系。此后，"三治融合"的治理经验扩散至全国各地并不断优化创新，逐步上升到国家战略设计层面。自治强调充分调动党员群众及社会组织参与乡村治理的积极性，通过村务公开、环境整治、纠纷调解、广泛征求意见等方式充分了解村民需求，增加乡村治理产品供给。法治强调以法律等正式规则保证乡村生产生活的正常秩序，通过增强乡村法律服务体系、加强法治宣传，形成自觉守法、全民懂法的乡村法治环境，减少熟人社会造成的治理行为与效果之间的偏离。德治强调利用村规民约、乡土风俗等非正式规则引导、约束村民参与乡村治理。在具体实践中，通过积分制、监督评议、道德模范评选等活动对村民形成道德约束和舆论约束，促进公序良俗的形成。"千万工程"推进农村精神文明建设、推进农村现代化是乡村振兴战略的重要组成部分，除了乡村产业、基础设施等物质层面现代化外，农民生活、文化产品等精神文化层面的现代化同样是农村现代化的重要内容。总而言之，"千万工程"助力乡村精神文明建设，实现了人与自然、人与人、人与社会之间和谐共生，推动了物质文明与精神文明协调发展。

第二章　乡村产业

第一节　“千万工程”经验赋能乡村产业发展

一、推动农业农村现代化

“千万工程”与乡村产业发展紧密相连，共同承担着推动农业农村现代化的重大使命。在此过程中，乡村产业不仅是“千万工程”的核心组成部分，而且是实现农业农村现代化的关键驱动力。具体来看，“千万工程”和乡村产业发展的核心目标在于通过产业的升级和创新，实现产业的持续增效、农民的收入增长和生活质量的提升。

在“千万工程”的系统布局下，乡村产业发展不仅聚焦于农业生产效率和收益的提升，而且通过产业的多元化和生态化促进乡村的全面发展。这种发展模式在强调农业基础性地位的同时，也注重利用现代科技和创新方法，推动农业向更加高效、更可持续的方向发展。如通过引进高新技术和现代管理方法，提高农业生产的自动化和智能化水平，以及通过发展乡村旅游、特色手工艺等多元产业，实现产业的可持续发展。

同时，“千万工程”坚持的生态保护和绿色发展理念，也为乡村产业发展提供了新的方向。通过实施生态农业和合理利用生态资源，乡村产业不仅能够有效保护环境，而且能为农民开辟更多的增收渠道，为农业农村现代化提供全面、多元和可持续的发展模式，更好地推动农业农村现代化，实现农业强、农村美、农民富。

二、提升农民的生活水平

促进农民收入较快增长、持续提高农民生活水平，是乡村产业发展的根本出发点，也是“千万工程”战略实施的重要目标之一。具体来看，“千万工程”以人居环境整治为切入点，通过统筹推进“美丽乡村、共富乡村、人文乡村、善治乡村、数字乡村”建设，有效改善了农业生产和农民生活条件，实现了乡村产业、人才、文化、生态、组织的全面振兴。“千万工程”不仅实现了产业的多样化和增值链的提档升级，拓宽了农民的收入来源，而且在生态环境保护、社会治理创新等多方面改善了农民的生活水平。提升乡村产业发展水平作为“千万工程”在乡村建设领域的重要着力点，其核心目的在于促进小农户与现代化农业产业体系的有机结合，深化农村一二三产业的融合与创新，进而提升农业生产效率，增加农民就业机会，拓宽家庭收入来源，具体包括推广高效农业技术、打造特色农产品品牌、挖掘乡村旅游等新兴产业等，能够有效延伸农产品产业链，提升农产品价值链，提高农民的生活水平。

三、统筹兼顾效率与公平

效率是公平的重要基础，公平是效率的有力保障。“千万工程”和乡村产业发展的基本原则在于统筹兼顾效率与公平，致力于通过人居环境整治和美丽乡村建设改善乡村生产、生活和生态环境，同时确保农民能够直接参与乡村建设，享有公平的权益分配。首先，强调效率是为了确保“千万工程”和乡村产业发展能够获得最佳的生态效益和经济社会效益。通过构建更加完善的要素市场化配置机制，优化城乡生产要素配置效率，提高乡村产业的综合效益和核心竞争力。其次，注重公平是为了保障乡村发展的可持续性。“千万工程”和乡村产业发展不仅涉及经济增长问题，而且关系农村社会的和谐稳定，通

过促进农村劳动力多渠道就业、完善社会保障体系、提高基础设施和公共服务水平，确保农民能够公平地分享乡村发展成果。

当然，实现效率与公平的兼顾需要有为政府、有效市场和有序社会三者的有效协同。其中，政府应该充分发挥引导协调作用，在政策制定上向农业农村领域倾斜，提供必要的财力保障、物力配置和人力投入。同时，也需要以政府有为推动市场有效和社会有序，共同促进乡村的持续健康发展。

第二节 提升乡村产业发展的“千万工程”经验

一、“千万工程”的方法经验：创新工作方法

（一）注重调查研究、因地制宜

调查研究是中国共产党科学决策和贯彻落实的重要方式和方法，是党在各时期走好群众路线，赢得人民群众支持拥护，开创事业发展新局面的关键所在。“千万工程”每一阶段的深化和拓展，都是基于调查研究的成果。

聚焦县域基本单元，在充分考虑不同类型、不同地域乡村在区域生态、经济和社会系统中的价值与功能的基础上，通过整体规划、特色打造、连片经营等方式推动区域内乡村组团发展、联村发展。借鉴这一经验，乡村产业发展不仅需要解剖式调研典型案例，还需要开展事关全局的战略性调研、破解复杂难题的策略性调研等，充分掌握乡村客观实际，因村制宜编制产业发展规划，发挥科学决策、精准施策的强大力量。

（二）鼓励基层探索、共建共享

集众智、汇众力的工作方法紧密契合了共享发展理念，通过鼓励基层探索和共建共享，能够有效提升乡村发展能力，实

现利益均衡和价值共创。在“千万工程”实践过程中，浙江省探索构建了“调动群众”的基层探索的制度安排与共建共享的治理体系，实现了顶层设计与基层探索的良性互动。其一，通过整合统一乡村建设的资源与力量，强调乡村多元治理主体及其参与性和协同性，激发农民的主体意识，积极鼓励他们参与村级公共事务的管理和决策，并通过诱致性制度变迁将农民的成功探索理论化、制度化。其二，“千万工程”聚焦于农村人居环境改善、产业发展提升等现实挑战，遵循政府提供资金资源、村民投工投劳、全社会共同参与的“千万工程”投资建设基本原则，从根本上转变了过去城市建设由政府负担、乡村建设由农民和集体自行筹措资金的传统做法，践行了共建共享的乡村治理理念。借鉴这一经验，通过基层探索和共建共享的工作方法继续提升乡村产业发展水平，具有现实可行性。

（三）注重以城带乡、以工补农

“千万工程”牢牢把握城乡融合发展的正确方向，注重以工补农、以城带乡的工作方法，为破解城乡失衡的历史性难题提供了新的经验。具体来看，“千万工程”以统筹城乡发展为工作导向，遵循以城带乡、以乡促城、城乡互动的发展思路，摒弃了传统上采用城市建设理念重塑乡村、以工业发展模式振兴农业的工作方法，有效推动了城市基础设施和公共服务的乡村覆盖以及现代技术的普及应用。实践表明，消除城乡要素公平交换与双向流动的制度障碍，推动生产要素及产业服务更深入地渗透至乡村，能够有效缓解乡村长期依附于城市发展的被动局面。提升乡村产业发展水平离不开城乡融合互动，当前和今后一段时期需要立足县域基本单元，充分考虑不同地区发展阶段和乡村差异性，深入探索县、乡、村功能衔接互补、要素优化配置的模式，畅通城乡要素双向自由流动渠道，提升资源

要素协同利用效率。

二、“千万工程”的制度经验：优化制度设计

（一）党的全面领导的组织领导机制

坚持党总揽全局、协调各方的领导核心地位，是中国特色社会主义制度优越性的突出特征之一。“千万工程”之所以实现了有效执行和深入推进，关键在于充分发挥党的领导核心作用。

实践证明，无论是推进“千万工程”还是促进乡村产业发展水平的提升，党在农村的各项工作任务都需要依托农村基层党组织，且在党的统筹领导下有序开展。

（二）以人民为中心的协调落实机制

“千万工程”坚持以人民为中心的发展思想，坚持问需于民，主动适应并回应时代变化与农民需求，始终把实现好、维护好、发展好人民群众的福祉作为根本出发点，构筑了灵活有效的多元协调落实机制。

（三）常态化灵活化的监督考核机制

有效的监督考核机制是项目顺利开展的重要保障，“千万工程”坚持不断强化制度供给，构建了全方位、全链条的制度支撑体系，用制度来持续监督、规范和保障“千万工程”建设。其一，以政治监督为引领，以党内巡视为主线，促进各类监督贯通融合，夯实基层监督基础。通过运用现代信息技术为信息共享创造条件，构建多层次、多渠道、线上线下相结合的监督渠道，有效避免了监督缺位问题，营造了高效廉洁的政务环境。其二，引导广大党员干部牢固树立和践行正确的政绩观，通过设置个性化指标进行考核，克服短期主义行为，坚持把为民造福作为最重要的考核标准。

第三节　特色经济助力乡村产业振兴

一、特色经济助力乡村产业振兴的内在逻辑

（一）有助于传承乡村传统文化，促进文化产业繁荣

首先，发展特色经济，势必会对乡村优秀传统文化进行充分挖掘，通过将特色传统文化与现代生产技术、新时代文化相融合，形成全新的发展形式，从而赋予传统文化新的生命力，提高农村传统文化对大众的吸引力，促使更多的人去了解农村传统文化、了解农村，实现传统文化的创新发展，从而避免传统文化失传。其次，乡村特色产业本身就是农村特色文化的一种，随着特色经济的不断创新发展，农村文化的表现形式更加丰富多样，在带动农村经济发展的同时，更会潜移默化地影响农村农民的思想观念，推动农民形成更加先进的经营理念，深化农民对现代化农业与现代化乡村的认识，提升农民发展特色经济与特色产业，追求美好生活的积极性。最后，特色经济将会进一步推动乡村农业与旅游业、农产品加工业的有机融合，丰富文化表现形式，焕发农村传统文化的长久生命力，同时激发农民的精神文化生活需求，推动新兴文化产业形式的出现，繁荣农村文化产业市场。

（二）有助于推动农村治理能力现代化，推动城乡一体化发展

首先，特色经济实施主体为农民，在农村发展特色经济有助于提高农民的经济收入，同时提升其参与乡村特色产业发展的信心与决心，提升农民参与乡村事务与新农村建设的积极性与主动性，从而提升乡村治理水平；发展特色经济将推动农民积极主动联结其他利益主体，自发成立农业生产合作社及其他自治组织，推动农民与专业化生产组织及龙头企业等的沟通互

联，提升农民的主体地位，推动农民与现代化农业产品市场的沟通。其次，发展特色经济有助于重构乡村治理结构，特色经济的发展将会丰富乡村产业结构与产业形式，吸引更多生产要素向农村倾斜，带来更多的就业岗位，促进农民就近就业，从而避免因外出务工造成的人口外流和土地资源浪费问题，同时将会优化农村的人口结构，从而保证乡村治理结构稳定与高效。

（三）有助于推动农村产业升级，实现产业振兴

首先，发展特色经济有助于充分调动农村的现有资源，实现产业创新。农村地区自然资源与文化资源相对丰富，特色经济在农村地区的发展势必会通过各种形式对乡村资源进行最大化利用，通过生产技术创新与生产方式变革，推动生产资源充分流动，避免资源浪费的同时激发乡村产业活力。其次，特色经济有助于乡村产业结构升级，特色经济在充分挖掘乡村优势资源的基础上，还将利用大数据、互联网等现代化生产要素，推动传统产业转型升级，丰富农村单一的产业结构，实现从原材料生产、农产品加工、互联网电商销售等多个环节的有机统一，延长单一生产主体的产业链条，提升特色产业的现代化发展能力，提高产品质量。最后，特色产业将会推动农业与旅游业、农产品加工业的有机融合，形成休闲、康养等新型服务业，创新农村产业业态，实现乡村产业振兴。

二、特色经济助力乡村产业振兴的实践路径

习近平总书记在2022年中央农村工作会议中强调，“要落实产业帮扶政策，做好‘土特产’文章，依托农业农村特色资源，向开发农业多种功能、挖掘乡村多元价值要效益，向一二三产业融合发展要效益，强龙头、补链条、兴业态、树品牌”。这也为农村地区发展特色经济、推动产业振兴指明了行

动方向。

（一）做大做优特色农产品，发展特色农业

首先，利用现代化发展理念发展特色农产品。发展农产品加工业，提升农产品加工转化率，农村地区可通过多种渠道对当前市场需求进行调研，了解消费者对农产品的需求偏好，通过政府的政策扶持及规划引导，科学规划农产品加工生产布局，鼓励成立农产品产业园区，对于农产品加工过程中的原料生产销售、产品加工、产品包装销售等各个环节全方位推进，促进产业集聚与产业融合，带动乡村新兴产业业态的出现，打造现代化农产品生产体系；延长农产品产业链条，优化特色农产品，农村地区应充分关注产业链条各环节的发展难点，持续优化，引导农产品加工企业及农业经营主体自主经营原材料产业基地，实现农产品生产、加工、销售的有机统一，深化农产品现代化生产环节标准化改革，赋予农产品文化价值与科技价值，提升农产品生产质量，以优质农产品提升市场竞争力。

其次，重视农产品品牌建设与推广工作，提升农产品在市场上的知名度与影响力。加强品牌建设，乡村地区应充分立足于其自身的资源及产业特色，生产特色农产品，强化农业生产者的品牌意识，积极推动各地区的特色农产品品牌认证管理工作，充分挖掘本地区传统产业的发展潜力，融入现代化发展理念，推动绿色产品、生态产品、品质产品等，通过特色标签提升农产品的区别度，保证地区农产品在产品市场竞争中脱颖而出；积极搭建农产品品牌宣传推广平台，政府及农产品产业协会可组织农产品展览会、农产品生产交流会、农产品交易会、推广会等，通过省电视台、广播、官方媒体等对特色农产品进行宣传推广，提升特色品牌知名度和市场竞争力；对特色产品品牌建设工作完成度较高的地区进行正向宣传，引导具备资源禀赋的地区积极参与特色农产品发展与推广工作中来，通过设

立品牌建设专项补助资金、奖励等，评选省级特色农产品，以进一步激励各地区积极参与品牌建设工作，提升农产品附加值。

（二）整合资源，打造乡村特色产业集群

首先，发挥好农村电商助农作用。积极开发引入便捷高效的电子商务运行平台，提升农村产业推广及销售渠道，通过完善网络基础设施建设、提高互联网普及效率，引导电商平台及电商类公司在农村地区安家落户；鼓励不断创新电商平台运营模式，推动互联网电商平台向手机平台转变升级，提升电商平台操作便捷性，提高普及效率，通过引进大数据、物联网等数字技术，实现数字技术与农业生产、农产品经营销售的全面融合；成立电商产业园区，通过引导农村新型经营主体、引进电商公司等方式推动农村电商产业园区的兴起与普及，对农民进行电商运营知识培训，培养本土电商主体力量；完善电商产业发展所依托的交通设施，引进物流公司及仓储公司，营造良好的电商运行环境，发挥好农村电商对农业经营及农产品销售的带动作用，通过引入与培育电商新生力量，推动农村传统农业创新发展模式，培育新的产业业态与经济增长点，推动农业实现现代化转型。

其次，壮大农村集体经济，提升农村经营主体组织化及专业化程度。鼓励农民自发成立农业经济合作组织，鼓励农民日常生产经营合作交流，通过成立农业生产合作社、农产品产业发展协会、家庭农场等多种形式的合作社，推动农村农民生产交流与规模化生产，实现农村生产资源的充分利用，同时促进乡村产业完善；鼓励农业生产经营主体规范化生产经营，通过加强与专业化的农业生产企业之间的交流互通，提升农业生产主体的标准化生产经营理念，鼓励农民利用数字技术、机械化生产等方式，转变农业生产效率，提升农业生产效率，推动农业生产现代化、专业化转型，提升农业经营收入；鼓励创新农村集体经济发展模式，壮大农村集体经济力量，为农村特色经济发展与产业振兴创造良好的经济基础与产业基础，积极推动农村经济变革，完善农村集体经济集体产业的产权制度，以村集体为单位，整合全村生产资源、资金等，以股份制为主要经营模式，将积极入股村集体经济的各生产环节的村民打造成利益联结体，创新收入分配方式，激发农民自主参与乡村产业发展的主动性与积极性，提升村集体经济实力的同时促进农民增收。

（三）推动农村产业融合，夯实产业振兴基础

首先，落实好农村产业经营主体与龙头企业的深度融合。做好农企融合工作，政府通过公开渠道招商引资，吸引农业龙头企业在农村落户，通过政策优惠等方式，引导龙头企业在农村发展农产品加工生产、电子商务平台及农业技术服务等领域，建立农业生产与龙头企业利益联结机制；建立农业生产原材料基地，鼓励农业规模化生产、集约化经营、标准化管理，提升农业与龙头企业发展契合度，强化与农业经营主体之间稳定的合作关系；龙头企业应强化资源要素配置机制与管理机制，充分利用其资金、技术等优势，提升自身经营能力，发挥好对农业生产经营主体的带头示范作用。

其次，完善好产业融合配套服务。在农村地区搭建产业公共服务平台，落实好电子商务服务、旅游、物联网等综合信息管理与更新，做好信息服务与农产品销售平台搭建服务工作；完善创新创业服务机制，建立农业生产技术在线服务与指导工作，为创业主体提供免费的方案设计、融资方案解决等服务；健全农村闲置资源产权流转服务平台，通过政策法规等引导农村产权有序流转；加大金融服务力度，改进农村金融机构布局，增加服务机构数量，鼓励金融机构与新型农业生产经营主

体建立合作关系，鼓励为农业生产主体提供贷款服务；引入农业保险机构及融资担保机构，通过农业保险服务分散农业生产风险，通过融资担保服务拓宽融资渠道，提升农业主体的融资获得性。另外，推动农业与其他产业的深度融合。

第四节 “千万工程”经验促进乡村产业发展

一、坚持系统思维，强化统筹协调

“千万工程”经验赋能乡村产业发展需要坚持系统思维，通过充足的政策工具和高效的执行机制，统筹协调好政策设计、产业布局和资金分配工作。

第一，统筹顶层制度设计。回顾“千万工程”的实施历程及其取得的基本经验不难发现，持续提升乡村产业发展水平离不开扎实周密的顶层设计。借鉴“千万工程”的实践经验，提升乡村产业发展水平首先要统筹处理好长期目标和短期目标的关系、顶层设计和基层探索的关系，突出政策设计的针对性和时效性，增强产业规划、土地政策等的稳定性和延续性。同时，还应加强基层政策执行的灵活性，让基层能够从繁重的表格、报告等形式工作任务中脱身，缓解政策设计与执行效果背离的治理困境。

第二，统筹产业空间布局。在顶层设计中提升乡村产业布局的系统性，需要坚持以产业空间优化和土地利用效率提升为方向，构建城乡和区域间分工明确、互动协同的现代产业体系。具体而言，要通过健全乡村产地仓储、电商配送、冷链物流、信息基础设施等公共基础设施建设，提升乡村产业发展的叠加效应和空间溢出效应。

第三，统筹项目资金分配。统筹项目资金分配能够提高资金使用效率，推动乡村产业项目实现高质量发展。在系统思维与统筹协调的思路下提升乡村产业发展水平，应强化财政资金投入的先导作用，注重从多维度优化乡村产业资金配置，统筹协调原有产业项目和新项目的资金分配，实现乡村长效主导产业和短效特色产业的有序衔接。对非常态化、容易造成“福利依赖”和“政策悬崖”的资金分配方式予以即时改进或废止。

二、坚持求真务实，注重问题导向

推动“千万工程”经验赋能乡村产业发展落实落地，应坚持求真务实和问题导向，着眼于地方发展实际，聚焦乡村产业的现实问题并提出适宜乡村地域特征和经济发展水平的应对策略。

第一，重视乡村发展要求。乡村发展要求是制定乡村产业发展政策的重要依据，了解和满足乡村发展基本要求，才能推动乡村产业健康发展。借鉴“千万工程”的主要经验，提升乡村产业发展水平，需要科学理解和把握不同村庄的变迁趋势，尊重乡村产业发展禀赋差异；要求注重产业规划的可操作性和适用性，统筹考虑产业发展、公共服务、土地利用生态保护等，将产业发展规律与乡村发展要求有效结合。

第二，关注产业发展需求。发展需求是乡村产业规划设计的重要导向，是选择产业项目类型的重要依据。新时期，持续提升乡村产业发展水平要立足资源禀赋、农业产业特性和城乡居民消费需求变化，注意推进乡村产业适地适度发展和因地制宜、精准施策，做到产业类型与社区自然资源禀赋适配。同时，应为乡村产业发展提供稳定、透明、可预期的市场环境，严厉杜绝将风险性高或仅适用于特定区域的产业作为提升乡村产业发展水平的主要手段进行全域推广。

第三，倾听农民发展诉求。乡村产业发展既要着眼于农民收入的提高，也要兼顾农民市场竞争能力提升的诉求。一方

面，要建立和完善指导服务机制，全面开展从种植到收获、从生产决策到产品营销的全链条培训，培养更多有文化、懂技术、善经营、会管理、能致富的新农人。另一方面，应关注并维护好广大农民群众和基层干部的切身利益，减轻产业发展过程中迎评送检、填表报数、过度留痕等行政负担。

三、坚持绿色引领，强调创新驱动

绿色创新是贯彻新发展理念的重要抓手，也是乡村产业转型升级的关键路径。坚持绿色引领和创新驱动乡村产业发展，重在把握“绿水青山就是金山银山”理念中发展与保护相统一的辩证关系，着力以创新驱动核心技术能力提升，缓解乡村产业发展与生态资源约束的新老矛盾。

第一，以创新驱动乡村产业绿色转型。未来应加强对技术创新和技术扩散的支持力度，推动乡村传统产业的生态化转型，探索产业生态化和生态产业化的良性发展路径，实现从单一强调生产功能的发展模式，向兼顾生产、生活与生态功能的协调发展转变，推动乡村产业实现绿色转型。

第二，健全乡村产业生态价值实现机制。乡村产业发展需要加快推进农业科技、社会化服务体系建设，智慧育种、现代农机、节能降碳等技术的研发和应用，对于培育具有绿色低碳优势的乡村产业新业态至关重要，有助于拓展市场化、多元化的乡村生态产品价值实现模式。

第三，增强数字技术对乡村产业发展的赋能作用。数字技术创新活跃、应用广泛，对产业发展具有放大、叠加和倍增作用。乡村产业发展需要充分利用数字技术，加快现代要素与乡村传统产业融合。通过构建产业信息服务平台和乡村产业数据库，为乡村产业项目提供全生命周期的数据服务和技术支持，提升乡村产业信息化水平，增强产业发展的规范化和高效化。

第三章　乡村建设

第一节　“千万工程”造就宜居宜业和美乡村

在全面建成小康社会的基础上，党的二十大报告进一步提出，统筹乡村基础设施和公共服务布局，建设宜居宜业和美乡村。从“新农村建设”到“建设美丽乡村”“建设生态宜居美丽乡村”再到“建设宜居宜业和美乡村”，表现出中国对乡村建设的认识不断深化，乡村建设的基本内涵和目标要求不断丰富拓展。

从农村内部看，新时期的乡村建设要实现“宜居”“宜业”“和美”三大目标。乡村“宜居”，意味着新时期乡村要逐步具备现代化生活条件，确保农村供水、供电、道路、能源、通信、物流等基础设施基本健全，提升教育、医疗、健康、养老等公共服务质量，改善农村生态环境，保留村庄特色风貌。乡村“宜业”，要求农村地区产业兴旺，县域地区就业容量充足，满足农村居民就近就地就业需求。乡村“和美”，强调农村物质文明与精神文明协调发展，乡风文明程度明显提升，乡村治理效能显著加强。在上述三大目标之间，“宜居”是基础，即乡村基础设施完备、公共服务便利、人居环境整洁、生态环境舒适是农村群众获得感、幸福感、安全感提升的基础，是深入贯彻以人民为中心的发展思想的具体表现。“宜业”是关键，产业兴旺是乡村发展的关键，发达的乡村产业、充足的就业岗位能够为乡村建设质量的提高、人民生活水平的提升提供充足动力。“和美”是重要支撑。中国的“和”文化

源远流长，蕴意丰富，“人心和善”“以和为贵”的道德观是乡村社会和谐稳定的有力支撑。“精神美”与“物质美”同步提升则是“和”文化深入人心的重要保障。

从城乡关系看，建设宜居宜业和美乡村的目标在于推动城乡融合发展，构建和谐的城乡关系。通过打通城乡要素自由流动的制度性通道，促进要素自由流动，缩小城乡之间在基础设施、公共服务、产业发展、精神文明建设等方面的差距。

第二节　宜居宜业和美乡村建设的重点任务

“千万工程”造就了浙江省万千美丽乡村，造福了浙江省万千农民群众，也为新时期国家建设宜居宜业和美乡村提供了样板。针对当前乡村发展中存在的诸多问题，借鉴“千万工程”正确处理绿色发展与协调发展、整治村庄与经营村庄、整体推进与重点突破三大关系的经验，本节提出深入推进宜居宜业和美乡村建设的主要思路和重点任务。

一、扎实稳妥推进乡村建设

加强农村基础设施和公共服务建设是实现农业强、农村美、农民富的重要抓手。相比基础设施，中国农村公共服务欠账更多，数量、质量上与城市差距更大。针对农村教育、医疗卫生、社会保障等方面存在的突出短板，当前和今后一个阶段，要以农村公共服务建设为突破口，推动城乡公共服务供给重点向农村延伸、倾斜。

第一，建立城乡教育资源均衡配置机制。推动教师资源向乡村倾斜，通过稳步提高待遇等措施增强乡村教师岗位吸引力；推行县域内校长教师交流轮岗和城乡教育联合体模式，合理设置交流轮岗期限，确保其在交流期间的工作积极性。

第二，健全乡村医疗卫生服务体系。加强乡村医疗卫生人才队伍建设，加大乡镇卫生院医学人才输送力度，鼓励符合条件的退休医师返聘到基层服务；推动医疗资源下沉，加强偏远地区村卫生室建设，推进乡镇卫生院延伸开办一体化卫生室。

第三，促进城乡养老一体化发展。推动城镇与邻近农村之间养老基础设施共享，在人口聚集的村庄建设养老服务设施，加快提升农村机构养老和社区照料水平。

第四，统筹城乡社会救助体系。加快推进低保制度城乡统筹，全面实施特困人员救助供养制度，提高托底保障能力和服务质量。

二、统筹推进村庄整治与村庄经营

经营村庄是实现环境保护与经济发展之间平衡的纽带，现代乡村产业体系是经营村庄的前提。针对农业产业链条短、高附加值农产品占比低、农村一二三产业融合程度不高等问题，要以构建现代乡村产业体系为抓手，统筹推进村庄整治与村庄经营。

第一，要提高农业规模经营效益。在保证农户确权面积不变的情况下，因地制宜探索“小田并大田”有效模式，推进多种形式农业适度规模经营。例如，探索通过农户自愿互换土地承包经营权方式，实现按户连片经营。

第二，围绕农民及新型经营主体，加强政策扶持与配套服务。加强信贷支持，积极探索“去抵押化”信贷模式，对信用评级过关的农户发放无抵押、无担保贷款；持续实施农村创新创业人才培育行动，通过集中授课、案例教学、现场指导、远程视频等方式，为农村创业人员开展精准便捷培训，提高农民的金融资本和人力资本水平，加快推动农村产业转型升级。

第三，培育多元化产业融合主体。发挥龙头企业作用，构建新型农业经营主体合作联盟，明确各类主体在产业链中的功能定位，推进各类主体一体化经营，促进城乡产业一体化

发展。

第四，健全产业链利益联结机制。鼓励新型农业经营主体与农民签订保护价合同，采取“保底收益+按股分红”等形式，让农户分享加工、销售环节收益。引导工商资本有序参与乡村产业发展，形成与农户优势互补、分工合作的格局，带动农户增收。

三、整体推进宜居宜业和美乡村建设

治理有效是保障整治村庄、经营村庄有序推进的重要前提。习近平总书记在浙江省工作期间要求，充分发挥基层党组织的战斗堡垒作用和党员的先锋模范作用。针对乡村治理效能不高的问题，首先，要加强农村基层党组织建设。实施村干部队伍整体优化提升行动，注重吸引高校毕业生、农民、机关企事业单位优秀党员干部等高素质人才到村任职，以选优配强村党组织书记。加大在优秀青年农民中发展党员的力度，加强对优秀青年农民党员的培养和管理，提高党员队伍的整体素质和能力水平，储优育强农村“两委”后备干部。其次，要健全基层群众自治制度。推进基层直接民主制度化、规范化、程序化。建立健全基层群众自治组织选人用人制度和机制，严格按照规定的步骤讨论决定涉及群众利益的各项工作，按照“四议两公开”的程序进行村级重大事项决策。最后，要创新乡村治理方式方法。充分运用智慧治理数据资源，实现基层治理信息互联互通，实时监测乡村民生状况，拓宽村民参与乡村治理渠道，提升基层治理服务水平。

第三节　以未来乡村建设深化“千万工程”

未来乡村建设是一项具有前瞻性和引领性的创新工作。在实践中，其建设路径主要以坚持一体推进“美丽乡村+数字乡

村+共富乡村+人文乡村+善治乡村”建设为核心，根据各村资源禀赋，进行场景化和特色化创建。

一、建设数字乡村，赋能发展新动力

加快数字化技术赋能，从整体上推动乡村生产生活的质量、效率变革，是未来乡村建设的重要动能。近年来，浙江省主抓“乡村大脑”建设，加快推广“浙农码”，贯通“浙农”系列应用，做大做强数字农业、智慧农业、农村电商，加快推动农业全产业链数字化转型，让农业生产力水平得到大幅提升。

二、建设共富乡村，跑出发展加速度

未来乡村的共同富裕不仅要有优美的自然环境、村落格局，还要人人有事做、家家高收入。不同于城市社区，产业功能是乡村所特有的功能之一，不可或缺。产业是乡村发展的根基，只有产业兴旺，农民收入才能稳定增长，乡村发展才能稳步前行。为此，浙江省在坚决保障粮食和重要农产品生产供给的前提下，大力实施农业“双强”行动，守牢乡村发展的基本底线。加强培育“百链千亿”农业全产业链，壮大村级集体经济的同时，加强对农民就业创业和低收入农户帮扶。加快推动三产融合、产村融合，完善村庄运营机制，用好乡村生态、文化等资源，发展乡村旅游、农事节庆、休闲养老等新业态，助力乡村发展打开新格局。完善“两进两回”支撑政策，持续实施十万农创客培育工程，盘活乡村人才资源助力乡村振兴，吸引人才走进农村、建设农村。

三、建设人文乡村，绘就乡村发展新图景

习近平总书记指出，“乡村文明是中华民族文明史的主体，村庄是这种文明的载体，耕读文明是我们的软实力”。未来乡村既要有美丽宜居的村容村貌，更要有昂扬向上的精神风

貌和乡愁可寄的人文气息。浙江省在建设农村精神文明方面，充分利用农村文化礼堂，推进移风易俗，促进社会主义核心价值观在乡村落地生根，提升村民精神风貌和文化自信。在弘扬乡土文化方面，加大对古村落、古民居、古树名木等乡土遗存的保护力度，传承克勤克俭、耕读传家等乡土基因，弘扬二十四节气等优秀农耕文化，提升人文乡村品牌影响力，推进以文化人、以文铸魂、以文弘业，不断释放文化红利。

四、建设善治乡村，奏响发展最强音

乡村善治是乡村振兴的基础，更是未来乡村建设发展有序推进的重要保障。坚持和发展新时代“枫桥经验”，深化万村善治创建，构建“四治融合”现代乡村治理体系是浙江乡村建设一以贯之的重要举措。面对城乡发展、公共服务不平衡不充分等问题，坚持以县域为基本单元持续推进，进一步推动公共服务、资源要素向农村倾斜，促进基础设施和公共服务普及普惠、优质共享。

第四节　“千万工程”实现从乡村建设到乡村运营的深化

一、探索多样化乡村运营模式

近年来，“千万工程”中浙江省乡村运营表现出良好势头，浙江省多地探索形成了多样化的乡村运营模式，虽做法各异，但都在推动乡村振兴与发展中做出了重要贡献。面对新时代新征程，浙江省勇立潮头、走在前列，不断创新“千万工程”再深化的实践路径，以“千万工程”再深化再提升开创乡村全面振兴和共同富裕示范区建设新局面。

大力引进社会资本，培育市场主体，促进乡村运营的专业化、职业化和高效化。近年来，临安区、安吉县等地通过引进

社会资本、培育市场主体，已经走出了一条成功的乡村高效运营道路。临安区通过举办“乡村运营师招募会”，吸引许多懂市场、会运营、有情怀的乡村运营企业和青年人才直接从事乡村运营，彻底激活了临安乡村发展的内生动力。浙江省安吉县余村大胆采用“国资投建+民企运营+利益链接”的市场化运营机制，创新推出“余村全球合伙人”计划来破解乡村振兴后劲不足的难题，在一段时间的运营后，当地乡村生态价值和村民收益都有了明显提高。实践证明，社会资本更擅长用市场化的思维运营乡村，专业化、职业化和高效化的乡村运营将全面提升乡村发展的质量和水平。

做好乡村生态、人文和人力资源的“确权、赋权和活权”工作，在制度和机制上保障乡村可持续运营。乡村一旦运营起来，产权问题就迎面而来，在制度和机制上解决好产权问题，是乡村得以持续运营的前提和保障。首先，要做好“确权”工作，对村民和农村集体资产进行登记造册，通过信息化手段进行管理，让村民资产和农村集体资产随时随地能够被市场看见，打破封闭怪圈。其次，要做好“赋权”工作，通过搭建数字化产权管理平台，引进第三方评估机构对村民、集体资产和社会资本进行全面审查，确保权属清晰。最后，要完善产权流转增信机制，加大产权价值创造，做好“活权”工作，构建一套金融机构、政府、村民、乡村运营方等多主体之间的信用互认机制，真正让产权改革成为激活村富民强的“金钥匙”。

二、以乡村运营实现乡村产业兴旺

乡村有产业才有就业、有就业才有收入，选产引产是乡村运营的重要环节。如果产业选择不准，就必然会出现资源浪费、村民积极性下降的问题。乡村运营时，要经过全局性谋划和系统性思考，立足当地乡村的历史文化、资源赋和治理现状，以市场需求为导向，精准选择适合乡村长久发展的特色产

业。此外，在经营产业时还要根据实际情况进行动态调整，有的产业跟不上形势明显落后就要淘汰，做到“培育—壮大—优化—提升”的良性循环。当然，无论怎么选择和经营产业，绿色发展是前提，在守护绿水青山的基础上创造金山银山，才能真正做到经济生态化和生态经济化。

城乡融合的最美写照是实现“城”与“乡”的双向奔赴，千方百计让更多城里人到乡里来，千方百计让乡村的生态产品到城里去，这需要乡村现代化运营来实现。一是要激活乡村生态产品的城市大市场，乘着“短视频+电商直播”的东风将更多可移动的乡村生态产品送到城市居民手中；二是激活城市居民休闲度假的乡村大市场，丰富乡村网红休闲新业态和打造户外露营微度假，满足现代城市居民休闲度假需求。城市大市场和乡村大市场的壁垒一旦被打通，产品流、物质流、信息流、财富流就能在城乡之间无障碍流动，乡村生态产品的生态价值、经济价值、社会价值就能得到充分发挥，城乡一体化发展目标就会加速实现。

第四章　乡村生态文明建设

第一节　农业农村绿色低碳发展

在 2023 年全国生态环境保护大会上，习近平总书记提出了“四个重大转变”和“五个重大关系”，进一步深化和拓展了对生态文明建设的规律性认识。2024 年政府工作报告提出，“加强生态文明建设，推进绿色低碳发展。深入践行绿水青山就是金山银山的理念，协同推进降碳、减污、扩绿、增长，建设人与自然和谐共生的美丽中国。”在推动建设人与自然和谐共生的现代化进程中，需要统筹国内国际两个大局，协同推进降碳、减污、扩绿、增长，统筹高质量发展与高水平保护及高水平安全的关系，推动经济社会全面绿色转型。

一、新征程生态文明建设基础夯实成效显著

2023 年，我国生态文明建设展现出积极的发展势头。习近平生态文明思想进一步深化和拓展，实现由科学理论向指导实践的重要转变，推动绿色低碳发展的政策导向和实施环境不断形成，零碳产业驱动力大幅提升、社会基础不断壮大，展现出令人期待的发展潜力。

为加快推动能耗“双控”逐步转向碳排放“双控”，国家发改委和国家统计局先后发布文件，就新增可再生能源消费和原料用能不纳入能源消费总量控制有关工作作出说明。为落实党的二十大对重点控制化石能源消费的部署，国家发展改革委等部门发布了《关于加强绿色电力证书与节能降碳政策衔接大力促进非化石能源消费的通知》，明确非化石能源不纳入能

源消耗总量和强度调控，支持各地区通过购买绿证、使用绿电增加非化石能源消费，进一步拓展用能空间，并缓解部分地区节能指标完成压力。

绿色低碳转型潮流势不可当。当前我国经济社会发展已进入加快绿色化、低碳化的高质量发展阶段，在发展中降碳、在降碳中实现更高质量发展，绿色低碳转型成效显现。我国以比发达国家相对低的人均能耗和碳排放支撑经济社会高质量发展和人民生活水平不断提升，走出了一条区别于发达国家的全新绿色低碳增长之路，为全球绿色增长注入信心。

二、推动绿色低碳发展需要多目标协同

从前瞻视角来看，推进生态文明建设，建设人与自然和谐共生的现代化，需要深入探讨如何将绿色低碳转型措施嵌入经济社会发展之中，在当前稳预期、稳增长、稳就业目标下保持加强生态文明建设的战略定力，寻找适合中国的最优减排路径，兼顾长短期目标。

一是统筹高质量发展与高水平安全、高水平保护三者之间的关系。2023 年中央经济工作会议明确提出“必须坚持高质量发展和高水平安全良性互动”。推动高质量发展，离不开持续稳定的安全环境。统筹发展与安全，需要处理好安全的界定和边界问题，既要持续有效防范化解重点领域风险，又要注意可能由此造成的对发展的制约，牢牢守住不发生系统性风险底线，确保粮食安全、能源资源安全、产业链供应链安全稳定。当前，我国经济发展正处在从量的扩张转向质的提升的重要关口，生态优先、绿色低碳的高质量发展只有依靠高水平保护才能实现。正确处理好高质量发展和高水平保护的关系，保持加强生态文明建设的战略定力，充分发挥高水平保护的支撑保障作用，在高水平安全之下，以高水平保护塑造高质量发展的新动能新优势。

二是“双碳”一盘棋部署需要坚持绿色公正转型原则。碳中

和将推动能源消费与经济发展脱钩。从生产者责任视角分配碳配额时，煤炭主产区将会受到影响。因此，积极稳妥推进碳达峰碳中和，需要基于帕累托改进和卡尔多补偿原则进行政策设计。

三是减污降碳生态环境权益交易市场化机制改革问题。党的二十大报告将健全资源环境要素市场化配置体系作为加快发展方式绿色转型的重要内容，让环境、资源权益的交易价格真实反映资源以及环境容量的稀缺程度，从而促进资源有效配置，为绿色环保产业发展提供充分激励。当前，我国已经初步建立了由排污权、用能权、用水权、碳排放权等构成的环境权益交易市场。然而，各市场间的相互交织重叠和缺乏协同运作制约了其对经济高质量发展的支撑作用。随着绿证政策的出台，以及国家核证自愿减排量（CCER）的重启，需要审慎思考如何推进环境权益交易市场的协同运行，加快形成新质生产力与实现可持续发展。

四是社会资本参与生态产品价值实现的体制机制研究。在生态保护修复方面，公共财政资金有限，资金缺口较为明显，需要资本积极参与。生态产品价值实现的过程同样需要多方主体共同参与。在“资本下乡”的过程中，作为拥有丰厚生态资源的广大乡村需要借助政府与资本的力量实现由“资源”向“产品”的良性转换。

然而资本本质在于逐利，如果不加以管理约束，外来资本进入乡村可能会违背生态保护初衷，隐藏生态破坏风险。中央明确强调为资本设置“红绿灯”，如何用好资本，让其为中国式现代化建设服务，促进生态产品价值实现与共同富裕、乡村全面振兴的有效衔接，是一个值得深思的问题。

五是着眼统筹国内国际两个大局，持续推进“双碳”工作。全球绿色低碳转型与碳中和竞争已是大趋势，有关技术、产业、贸易、金融和标准等方面的国际竞争会更加激烈。把“双碳”工作纳入生态文明建设整体布局和经济社会发展全

局，需要把握新一轮科技革命和产业变革新机遇，积极应对多目标权衡协同、清洁能源转型风险、碳市场定价机制等多方面的挑战，提升产业链绿色竞争力，加强绿色低碳发展国际合作，主动引领新一轮全球绿色规则的制定，为生态文明建设和经济社会发展全面绿色转型提供不竭动力。

第二节　推动生态文明建设走深走实

深入推进生态文明建设和绿色低碳发展需要系统谋划、全局协同。对照中国式现代化建设目标要求，把非经济因素纳入宏观政策取向一致性评估，把生态环境因素纳入宏观经济政策框架，充分考量碳减排政策的公平与效率、碳中和国内政策的国际协同，既加强制度的刚性约束，也注重激发行动的内生动力。

以减排与发展之间本质关系认识为科学指导，在稳经济目标下积极推动绿色低碳转型。碳达峰、碳中和不是单纯的新能源利用和技术创新问题，社会治理现代化水平的不断提升，政府、企业、非营利组织、公众的积极配合，是推进“双碳”行动行稳致远的重要条件。积极探索“双碳”与增长平衡协调的绿色包容性增长机制，出台稳经济政策措施，将绿色投资和绿色消费作为统筹扩大内需和深化供给侧结构性改革的重要抓手，把稳预期、稳增长、稳就业与绿色转型有机协同作为保障民生的有效路径，在稳经济目标下积极推动绿色低碳转型。

以产业链延链补链强链为工作重点，不断培育和强化零碳产业国际竞争新优势。面对逆全球化和脱钩断链风险，我国要保持光伏、风电、新能源汽车等零碳产业竞争的比较优势，积极应对新能源产业链供应链单边主义以及人为脱钩断链去风险带来的市场分割、创新资源搁浅等方面的风险与挑战。把绿色低碳发展学习能力转变为“双碳”前沿科技原创能力，不断培育和强化更多外贸“新三样”（电动载人汽车、锂电池、太阳能电池）和零碳产业国际竞争新优势。协同推进产业链、供应链、价值链、创新链融合发展，固链强链构建新引擎，延链补链开辟新赛道，推动产业结构由相对高碳向相对低碳、相对落后向相对先进，由刚性成本约束到多重收益和红利创造的优化升级。

以有效市场和有为政府更好结合为根本方法，推动生态文明制度建设不断完善。在已有的顶层设计下，既要不断完善生态文明制度体系，推动能耗“双控”向碳排放总量和强度“双控”转变，强化外部约束；也要完善绿色低碳政策体系，推动有效市场和有为政府更好结合，探索政府主导、企业和社会各界参与、市场化运作、可持续的生态保护修复路径；更要加强科技支撑，加快绿色低碳科技革命。此外，还要构建美丽中国数字化治理体系，建设绿色智慧的数字生态文明。

以完善减污降碳环境权益交易市场机制为关键路径，促进能耗“双控”逐步向碳排放“双控”转变。碳排放“双控”能够有效避免能源总量控制的局限性，给予地方政府更多的绿色发展空间。随着新增可再生能源消费以及原料用能不纳入能源消费总量控制，以及明确绿证是我国可再生能源电量环境属性的唯一证明，推进全国统一大市场建设，完善排污权、碳排放权、用能权、用水权、绿证和 CCER 等减污降碳环境权益交易市场化机制，充分发挥市场在资源配置中的决定性作用，将是未来“双碳”工作的重点。

以实现绿色共富为生态产品价值实现最终目标，推进人与自然和谐共生的现代化。实现“绿色共富”不是一蹴而就的，需强化政策引领，把实现乡村生态优势作为经济分配要素对农民进行收入补足。为了让绿色共富的集体公共性目标优先于资本个体理性的逐利目标，需要发挥乡村集体经济的作用，激发乡村村社组织的主体性，主导生态产品扩大再生产，让外来资

本基于乡村集体发展的公共性目标寻求多元主体共生发展路径，减少政府投入的压力以及外来资本可能对乡村带来的负外部性，从而实现绿色共富的目的。

第三节　乡村生态文明建设与乡村农文旅融合

一、乡村生态文明建设

生态兴则文明兴。生态文明建设是关系中华民族永续发展的根本大计。中华民族向来尊重自然、热爱自然，绵延五千多年的中华文明孕育着丰富的生态文化。

乡村生态文明建设是全面推进乡村振兴的重要内容，也是加强生态文明建设的重要内容。乡村生态文明建设周期较长。土壤、大气和水域的治理与保护都有其内在规律，要认识且尊重其发展规律，保护好乡村生态环境不被破坏，同时要积极修复已经遭到污染的土地、大气、水域。

二、乡村生态旅游

生态旅游是指通过整合自然资源，培养公众对自然环境和文化的欣赏和保护能力，从而形成可持续发展的旅游模式。

与传统旅游业不同，生态旅游强调自然保护、游客教育和社区利益，是旅游业发展的主要趋势之一。

乡村生态旅游是以乡村为依托的一种具有生态旅游内涵的综合性旅游，是乡村旅游发展的一种新模式，与传统乡村旅游相比，既能满足游客休闲娱乐、观光旅游、农业学习的需求，又具有生态体验和生态教育的功能，注重保护资源和环境，保证农村经济协调发展及农村地区的社会稳定和环境大发展。

三、乡村农文旅融合发展的策略

（一）强化统筹意识

生态旅游是一种以自然资源为基础的旅游。在产业发展过程中，应坚持生态观原则，形成“在开发中保护、在保护中开发”的发展模式。同时，要加强乡村生态文明建设，强化统筹意识，长期坚持在打基础、谋效益上面动脑筋、下狠功夫。在发展乡村生态旅游的过程中，一些农村地区的自然资源必然会涉及国家和集体两种类型。要处理好所有权、使用权、经营权、处置权、收益权等各种权益的分离和统一问题。要在充分考虑农村生态文明建设特殊性的基础上，把党和国家的政策与当地实际情况有机契合起来，把乡村生态文明建设与当地乡村经济振兴、政治建设、文化引导、社会发展以及党的建设有机统一起来，要运用文化、法律、道德、经济等各种手段，全面系统地推进两者共同发展。同时，积极进行乡村生态旅游建设，以此作为发展的撬动点，全面系统地推进乡村生态修复和环境整治，从而产生巨大的“撬动效应”，实现乡风民俗和生态环境的根本改善，为乡村振兴贡献力量。

（二）加强配套制度建设

乡村生态文明建设必须建立一套完善的配套制度促进农村生态文明建设，用相关制度推进乡村生态文明建设进程。2013 年 5 月，习近平总书记在十八届中央政治局第六次集体学习时的讲话中指出，“只有实行最严格的制度、最严密的法治，才能为生态文明建设提供可靠保障”。在发展乡村生态旅游的过程中，必须牢牢坚守住农村的自然生态资源，树立生态红线意识，严守生态功能保障底线和环境质量安全底线，不触碰自然资源的利用上线。

（三）秉承绿色、可持续发展理念

发展乡村生态旅游必须秉持绿色可持续发展理念，完善生态旅游规划。发展生态旅游必须合理开发利用自然资源，不能以牺牲环境为代价。发展生态旅游是一项涉及衣、食、住、

行、娱的系统工程，要对自然风光、乡俗文化等进行科学合理、可持续发展的产业规划。同时，乡村生态建设周期长，对大气、水、土壤的治理都有内在规律，恢复受污染的土地、水域、森林都需要数年甚至更长的时间。因此，推进乡村生态文明建设没有捷径可走，必须摒弃急功近利的思想，踏踏实实做好每一项工作。

（四）优化乡村居住环境，完善基础设施

发展乡村生态旅游，首先要完善乡村基础设施建设。乡村基础设施建设要充分保留当地原有的地貌，因地制宜，给游客带来有特色、有吸引力的视觉体验。

同时，从多个方面改善乡村旅游的服务条件，最大限度激发人们的旅游欲望。政府和农村居民要不遗余力地改善乡村环境，完善乡村基础设施建设，加强乡村生态文明建设，大力促进乡村生态旅游产业发展，吸引更多游客，促进乡村经济增长，实现乡村振兴。

（五）避免同质化竞争，走创新改革的新路线

乡村旅游目的地的旅游产品结构应向多样化转变。乡村旅游目的地的目标市场要从城市居民扩大到城乡居民。我国庞大的农村人口决定了农村居民旅游消费的总体规模。随着我国小康社会的建成，农村家庭普遍具有一定的旅游消费能力，其旅游消费能力将随着乡村振兴的推进而不断增加并持续提升。为了应对城市居民和农村居民 2 个目标市场的不同需求，扭转乡村旅游目的地之间同质化竞争的局面，乡村旅游决策者应该突破固有的思维定式、跳出现有框架，留住乡愁，保持乡土气息，大力开发丰富多彩的旅游产品，通过区域协调，强化乡村旅游目的地之间旅游产品类型和形式的差异。

第五章　乡村治理

第一节　党建引领乡村治理推动“千万工程”发展

乡村治理是国家治理的基石，也是中国式现代化的重要组成部分。按照中国式现代化的要求推进乡村治理是由国家治理的总体战略、乡村治理的历史发展和实践逻辑决定的。在乡村治理中加强党建引领既是马克思主义政党的使命自觉，也是顺应中国式现代化进程中乡村变革的重要之举，更是实现乡村治理体系与治理能力现代化的必然要求。“千万工程”在浙江省实施20多年来，不仅造就了万千美丽乡村，也深刻改变了乡村治理模式。

一、现代化转型中的乡村治理

乡村社会群众利益诉求复杂多元，一方面村民们改善乡村面貌、增收致富的愿望日益强烈，另一方面村庄空心化、农户老龄化趋势不断加剧。基层党组织治理能力薄弱，党群关系的深度交互机制没有普遍建立起来，党建资源碎片化、执行力减弱、缺乏有效领导和工作方式单一等问题造成党建引领在某些时候悬浮于乡村社会之上，乡村社会治理存在一定的难度和挑战。这些变迁既是乡村治理在迈向现代化转型过程中所必然经历的阵痛，也亟须在乡村治理现代化的过程中得到有效解决。党的二十大报告提出，“推进以党建引领基层治理，持续整顿软弱涣散基层党组织，把基层党组织建设成为有效实现党的领导的坚强战斗堡垒”，为新时代乡村治理指明了方向。

乡村社会的治理困境迫切要求提升党组织的基层治理效

能。从现实维度来看，党组织嵌入社会生活的方方面面，基层党建不仅能够引领乡村治理效能提升，在农村建设、代表农民利益、发展农村产业等方面都能成为推动者和引领者；从治理视角看，乡村治理创新也能够夯实基层党建，治理主体的互动性和治理效能的渐进性又可以提高基层党建的积极性和创新性。当复杂多元的乡村社会需求与乡村较弱的治理能力之间存在巨大张力时，超越行政机制和社会机制的党建引领可以精准把握乡村治理的需求，发挥农村基层党组织在乡村治理中的引领作用，积极推动乡村治理的现代化。

二、党建引领乡村治理的价值

党建引领乡村治理是百年来我们党基于“中国革命的基本问题是农民问题”的认知逻辑，也是基于“民族要复兴乡村必振兴”的价值逻辑。在中国共产党的坚强领导下，党组织嵌入到乡村治理的全过程，通过政治吸纳并运用政治资源实现对乡村社会的动员和整合，推动乡村从传统社会向现代化乡村社会转型。

第二节　党建引领乡村治理的实践路径

一、推动农村基层党组织向坚强有力转变

当前乡村治理逐渐呈现这样的治理趋势：村党组织在党建引领下不断提升组织力，通过与多元主体配合将乡村分散化、脆弱性的资源系统性整合，推动分散化的乡村社会向整合化、组织化的现代乡村社会转型。这种以基层组织重构、多元主体嵌入为起点的治理转型，反映出以党建引领为核心的现代化治理体系具备化解乡村社会系统性危机和改善乡村治理的强大调适能力。提升组织力包括内向组织力和外向组织力的双重提

升，这是推进基层党建与乡村治理现代化发展的必由之路。在党建引领乡村治理能力提升的过程中要突出政治功能，以政治引领强化农村党组织建设。严把政治方向、强化政治定力，在宣传和执行党的路线、方针、政策时，将党中央和各级党委的各项计划和部署直接落实到基层，并转化为农民的实际行动。持续实施新时代“领雁”工程和“雁阵队伍”建设，“村民富不富，关键看支部；村子强不强，要看领头羊”。基层党员干部作为乡村发展和乡村治理的“领头雁”，要让既懂业务且组织协调能力又强的人来担任乡村党组织书记，全面建立村组织书记“亮晒比”“传帮带”等工作机制，激发村组织书记干事动能。对一些组织涣散、贫穷落后的村，通过选派第一书记的方式实现乡村治理结构的“强筋骨”。常态化建立农村党员、村党组织书记后备人才“蓄水池”，持续推动党员“进出管育爱”全流程管理，建强农村青年人才支部，不断增强内向的组织力。同时，在不打破现有行政区划管理体制、不改变原有党组织隶属关系和功能形态的前提下，因地制宜探索横向联动、纵向贯通、开放多元的党建联建，将农村、部门、企业、合作社、新兴组织等各领域党建资源力量统筹起来，加快推进党建联建助力共同富裕，提升拓展党组织的外向组织力。

二、推动农村基层党组织向带领群众致富转变

增加农民收入、振兴集体经济是党建引领乡村治理实现共同富裕的密码。首先，聚焦“致富”挖掘有前景、可持续的集体经济“新增长点”，夯实农村共同富裕的物质基础。鼓励村集体统筹利用乡村空间、特色产业、地域文化等多种资源，完善乡村功能布局，构建农村一二三产业联动发展体系。通过引进拥有丰富经验的企业进行专业运营，积极整合乡村历史、民俗、节庆等文化资源，活态化传承乡村非物质文化遗产，将集体经济发展与生态保护、文化传承、环境整治有机结合，创

新资源运营模式，打造具有乡村地域特色与较大市场价值的全域旅游优质品牌，以“党建创新项目”为抓手，在每个乡村建立一个高质量的村企联建项目。其次，聚焦“带富”培育有情怀、懂经营的集体经济发展“带头人”，夯实农民农村共同富裕人才基础。用好“原乡人”，做好乡贤引领工作，以家乡情怀为纽带激活乡贤资源、凝聚乡贤智慧、汇集乡贤力量，发挥乡贤在乡村治理中的重要引领作用；吸引“新乡人”，注重引入外部专业人才和团队，增强对创新创业政策、资金、土地等方面的扶持力度，充分发挥人才专业优势，为乡村发展提供新思路、新活力；发展“回乡人”，建立在外人才信息台账，开展调查联络、意向询问、政策介绍等人才引进工作，引导在外的乡贤、大学生等回村发展，保证高素质人才的可持续供给。最后，聚焦“共富”，完善农户利益维护与村集体经济发展的利益共享机制，夯实农村共同富裕的利益基础。在做大集体经济“蛋糕”的基础上分好“蛋糕”，让更多农民公平地享受到乡村产业发展的效益，避免因利益分配不均衡引发社会问题。

三、推动农村基层党组织向积极主动型转变

增强村级党组织的服务引领功能，密切联系群众，同时需要关注不同阶段农民利益诉求的变化，精准对接乡村居民差别化需求，充分保障农民的利益得到合法化、合理化满足。针对村民们日益增长的政治参与需求，切实推进乡村全过程人民民主实践，进一步完善“四民主两公开”、村民议事等程序，让过程更加公开透明、结果更加民主公正。聚焦社会、民生、文化领域发展不平衡不充分的突出问题，要坚持以村民高品质的生活需求为出发点，完善基础设施建设，打造优美宜居的生活环境。接续选派驻村第一书记、驻村干部、农村工作指导员、选调生和工作队，组建专业化、高素质的“有求必应”管理

团队，建立以民生需求为导向的供给和反馈机制，坚持点对点、零距离服务，为村民提供“多领域”“一站式”“高效率”服务。在乡村治理全局中，农村基层党组织需要运用系统性思维把握正确的治理方向，要综合分析治理重点和关键领域，整合乡村社会治理力量，保证各个治理主体的功能得到有效发挥、优势用到最恰当的领域，避免“大包大揽”。农村基层党组织要明晰自身和其他治理主体之间的权力关系，承担相应的责任，发挥好示范带头作用并协调好其他利益主体间的利益关系，通过各方力量积极建言献策为乡村治理集思广益，从而探索更多的治理“良方”。平等是多元治理主体协作的前提，要充分尊重各个治理主体，通过搭建和完善乡村治理多元主体协同平台，保证在对话、协商、谈判中各个治理主体的权利平等。

四、推动农村基层党组织向一核多元转化

中国共产党依托政治领导力、思想引领力、群众组织力、社会号召力，带领农业农村取得了历史性成就，带领全体人民打赢了人类历史上规模最大的脱贫攻坚战，历史性地解决了绝对贫困问题。在全面推进乡村振兴道路上，中国共产党需要通过宏观上的组织动员、微观上的党员参与和社会力量的汇集，构建“一核多元、协同共治”的乡村治理共同体。乡贤、驻村干部、乡村组织、村民等多元主体在农村基层党组织的统一领导下，共同协商村里大事要事、参与乡村事务管理、解决乡村社会问题。增强农村基层党组织在乡村治理中的群众组织力和社会号召力，发挥好农村基层党组织对村民自治组织、各类合作社、经济组织以及其他乡村治理主体的领导作用。加强农村基层党组织的思想引导、组织支撑、监督约束和评议牵引，发挥各类主体参与乡村治理的最大合力，既上下联动又左右对接，形成“合理分工、协调共治”的治理格局。要健全现代

乡村治理体系，提高乡村的政治、自治、法治、德治能力。同时，随着基层治理现代化的变迁，乡村的智治能力亟待加强。坚持政治、自治、法治、德治、智治相结合的乡村治理体系是新时代提升乡村治理能力的根本要求。基层政府要主动转变职能，创新“五治融合”的有效载体，理顺乡村治理多元主体之间的职能关系，完善村民代表制度、村务监督制度、村务公开制度及相关管理制度等，为乡村治理提供制度保障。

第三节 多措并举提升乡村治理水平

乡村治理是国家治理的基石，也是乡村振兴的重要内容。2024 年中央一号文件提出提升乡村治理水平，并对乡村治理工作进行了全面部署。当前，我国乡村社会发生深刻变迁，城乡社会在人口流动、信息交换、文化交融等方面更加频繁和深入，这就要求乡村治理在理念、方法、手段等方面做出调整和创新，以适应乡村社会的新变化。同时，乡村产业发展、乡村建设和乡村治理是一个有机整体，乡村治理为乡村产业发展和乡村建设提供组织保障和精神动力。因此，要学习运用“千万工程”蕴含的发展理念、工作方法和推进机制，突出抓基层、强基础、固基本的工作导向，健全党组织领导的自治、法治、德治相结合的乡村治理体系，加强农村精神文明建设，确保农村社会稳定安宁，切实提升乡村治理水平。

一、繁荣乡村文化

中华文明根植于农耕文明，农耕文化是我国农业的宝贵财富，是中华文化的重要组成部分。优秀乡村文化能够提振农村精气神，增强农民凝聚力，孕育社会好风尚，发挥着“以文化人”的重要功能。

（一）改进创新农村精神文明建设

2017年12月，习近平总书记在江苏省徐州市考察时强调，实施乡村振兴战略要物质文明和精神文明一起抓，特别要注重提升农民精神风貌。要推动新时代文明实践向村庄、集市等末梢延伸，促进城市优质文化资源下沉，增加文化产品供给。

加强思想政治引领，深入开展听党话、感党恩、跟党走宣传教育活动，增强农民群众对党的拥护。

（二）加强乡村优秀传统文化保护传承和创新发展

一方面，要保护好农业文化遗产、农村非物质文化遗产、乡村文物等农耕文化载体。

另一方面，要挖掘优秀农耕文化中蕴含的应时守则、父慈子孝、敬老孝亲、兄友弟恭、勤俭持家、淳朴敦厚、吃苦耐劳等精神品格，将其重构为社会主义核心价值观引领下的“村规民约”，将其内化为价值准则，外化为行为规范。

（三）促进群众性文体活动健康发展

这几年，一些地方搞的“村BA”、村超、村晚等很受欢迎，其中一个重要的经验启示是让农民唱主角。当前，农民精神文化生活总体相对匮乏。繁荣乡村文化生活要“上下”结合，一方面适应农民的现实需求，增强政府文化供给的有效性和针对性，不仅要“送文化”，还要“种文化”，注重培养一支乡土文化人才队伍。另一方面要广泛开展群众性文化体育活动，发挥农民主体作用，支持、引导农民群众自发组织开展富有农耕农趣农味的文化体育活动，积极营造全民参与的文体活动氛围。不断创新活动形式、内容，注重将各类文体活动与农事农季相结合，与民俗节庆相结合，与农产品展销相结合，精心打造体现地方特色、符合农村传统的乡村文体活动载体。

二、推进移风易俗

近年来，相关部门贯彻落实党中央、国务院决策部署，开展高价彩礼、大操大办等农村移风易俗重点领域突出问题专项治理工作，取得积极进展。但是，天价彩礼“娶不起”、豪华丧葬“死不起”、名目繁多的人情礼金“还不起”，以及农村老人“老无所养”等问题依然不同程度存在。

（一）强化村规民约的激励约束功能

不少地方在村规民约中制定了婚事新办、丧事简办、孝老爱亲等约束性规范和倡导性标准，有的地方还通过“积分制”建立奖惩机制，村民们照此办理，有效刹住了攀比风。

（二）为农民婚丧嫁娶等提供普惠性社会服务

村“两委”要主动关怀，为群众办实事、办暖心事，因地制宜利用村里的文化广场、文化礼堂等各类场所，为农民提供办事场所。有效发挥红白理事会、志愿服务组织等作用，为农民红白事操办提供帮助。

（三）推动党员干部带头承诺践行，发挥示范带动作用

“村看村，户看户，群众看党员，党员看支部”。要充分发挥农村党员干部的模范带头作用，带头革除陋习，培育农村文明新风尚。

三、建设平安乡村

农村改革发展离不开稳定的社会环境。

（一）坚持和发展新时代“枫桥经验”

近年来，农村民事纠纷类型越来越多元，原来农村矛盾主要集中在农民负担、征地补偿等，现在则表现在邻里关系、合同劳资、农村养老、医疗事故、土地纠纷等多种类型。要完善矛盾纠纷源头预防、排查预警、多元化解机制，切实把矛盾解

决于萌芽、化解在基层，防止"小事拖大、大事拖炸"。

（二）持续打击各类违法犯罪

健全农村扫黑除恶常态化机制，不断巩固农村扫黑除恶专项斗争成果。

持续开展打击整治农村赌博违法犯罪专项行动，加强电信网络诈骗宣传防范。

（三）开展农村重点领域安全隐患治理攻坚

一个时期以来，有的地方自然灾害和安全事故多发，而农村的防灾救灾设施配套不足，农民的自救意识和能力较弱。2024年中央一号文件要求，加强农村防灾减灾工程、应急管理信息化和公共消防设施建设，提升避险和自救互救能力。

（四）加强法治乡村建设

一方面要加强法治宣传教育，大力开展"民主法治示范村"创建，深入开展"法律进乡村"活动，实施农村"法律明白人"培育工程，提高基层干部群众的法律意识和法治观念。

另一方面加强法律服务，加强和规范农村法律顾问工作，教育引导农民群众办事依法、遇事找法、解决问题用法、化解矛盾靠法。

第六章　城乡融合

第一节　城乡融合型乡村的内涵、特征和功能价值

随着城乡经济社会的变迁和资源要素双向自由流动的不断加深，在已有的乡村中已经逐步分化出一种典型的乡村类型——城乡融合型乡村。

一、城乡融合型乡村的内涵

《中华人民共和国乡村振兴促进法》对乡村的内涵界定是“城市建成区以外具有自然、社会、经济特征和生产、生活、生态、文化等多重功能的地域综合体，包括乡镇和村庄等”。借鉴城郊融合类村庄的内涵并将其延伸，所谓“城乡融合型乡村”，指的是在空间上处于城市建成区外，已经有城市多种要素、产业、商业、文化、居住的大量融入，但在行政区划上或者组织形态上还保留了一部分乡村的自然、社会、经济特征和生产、生活、生态、文化等多重功能，处于乡村和城市交融的地域综合体。

城乡融合型乡村与城郊融合类村庄相比既有联系也有区别，二者的联系在于都是城市化进程中新形成的乡村发展模式，都是在城市与乡村相互交融、相互渗透的背景下出现的，都是都市化进程的产物，都具备为城市提供服务和支持的功能，既是城市的后勤补给基地，又是城市居民休闲、度假的目的地。

二者区别则体现在3个方面：一是地域范围不同。城郊融合类村庄通常局限于城市周边的特定区域，一般指位于城市郊区的村庄，与城市边缘接壤，以"村"为地域单元；城乡融合型乡村的地域范围和空间尺度更大，超出了一个村庄的地域界限，从村庄扩大到乡镇乃至除县城建成区外的县域。二是发展模式的侧重点有所不同。城郊融合类村庄主要依托城市的功能需求和资源优势，发展成为与城市紧密联系的特色产业、休闲旅游等服务型乡村；城乡融合型乡村则更注重乡村自身的发展潜力，着力实现乡村经济、社会、生态的可持续发展，其内涵更为丰富，涉及经济、社会、文化、生态各个方面。三是强调的主要特征有所不同。城郊融合类村庄主要强调城市近郊的村庄在地理空间上与城市融为一体，城乡融合类乡村主要强调这类乡村以城乡融合为主要标志。

二、城乡融合型乡村的主要特征

综上可知，城乡融合型乡村具有如下特征。

（一）交通区位条件优越

这些乡村通常距离城市中心或城市发展轴线较近，交通便利，是连接城市和其他偏远乡村的主要通道，在地区网络化发展格局中更容易获得中心城市产业外溢带来的发展机遇，直接享受城市基础设施与公共服务的延伸，其土地潜在价值、交通及信息通达度都优于偏远乡村，表现出较强的经济功能。

（二）人口稠密，土地利用混杂

随着城市化进程的推进，城市不断向周边地区扩展，城市居民不断流入这些城郊地区的乡村。城乡融合型乡村的人口密度低于城市但普遍高于一般乡村，并且人口流动性较强；土地利用方式高度混杂，城市和农村的土地利用方式混杂在一起。在这些乡村中既存在传统的农田、农舍和农业生产活动，也存

在城市化进程中出现的住宅区、商业区、工业区等城市建设用地，导致农业用地、小型工业用地、服务业用地等在区域内同时存在。这种土地利用混合现象反映了城市与乡村的交织和相互渗透。

（三）非农化特征突出，产业构成复杂

为适应城市化发展需要，这些乡村通常会进行产业结构调整和产业升级，发展服务业、文化创意产业等高附加值产业。在城市化和工业化的带动下，部分乡村已呈现出现代城镇为主导、农业生产比重低、农民非农就业率高等弱乡村性特征。乡村主导产业有些以生态价值转化为导向，发展休闲度假产业；有些以政策偏好为导向，发展“互联网+”或特色文化产业；有些以交易成本为导向，发展制造业、加工业和商业等。

（四）呈现非城非乡的过渡特征

城乡融合型乡村的存在方式既不同于传统意义上的乡村，也没有完全融入现代意义的城市，属市场化程度较高的区域，乡村的居住形态、生活方式、乡土文化、产权秩序、治理结构等都表现出介于城乡之间的特征，乡村的经济结构、村民收入、就业方式已经和一般乡村地区截然不同。同时，这类乡村具备综合性功能，不仅有农业生产功能，而且具备商务、居住、教育、医疗、文化等综合服务功能，可以为周边居民提供各类基础设施和公共服务，满足他们日常生活的需求。

（五）以城乡融合为显著标志

不同类型的乡村具有不同的显著标志和主要特征。特色产业型乡村主要以特色产业的发展为显著标志，文化保护类乡村主要以乡村传统文化的保护、开发、利用为主要特征，而城乡融合型乡村的显著标志和主要特征就在于城乡深度融合、全面融合，包括城乡空间融合、城乡要素融合、城乡产业融合、城乡基础设施和公共服务融合、城乡文化融合、城乡生态融合等。

三、城乡融合型乡村的功能价值

城乡融合型乡村具有特殊的功能价值，体现在为城市提供农产品供给、大地景观和休闲旅游、农耕文化传承、生态涵养、纾解城市压力、承接城市业态等多个方面。

一是城乡融合型乡村保留了农田和农业活动的部分特征，便于农民继续种植农作物，并加强农业生产的科技支持和管理，提高农产品的品质和安全性，为城市提供健康、优质的食品供应。

二是拥有独特的乡村风貌和自然景观，可以成为城市居民休闲度假、体验乡村生活和开展农事体验的场所，通过休闲农业和乡村旅游的发展促进村民增收。

三是承载着丰富的历史文化和民俗传统，可通过保护和传承农耕文化、民俗文化、手工艺和传统建筑等，为居民和游客提供了解和体验传统文化的机会，以及通过开展文化活动和传统节日庆祝活动等，促进乡土文化的传承与发展。

四是通过合理规划和管理，保留农田、绿地和自然景观，实施环境管理和生态修复，为城市提供水源涵养、空气净化、自然景观、绿色屏障等生态服务功能，为城市居民提供清新的空气、绿色的食品和放松的休闲空间。

五是能够提供适当的社区服务和公共设施，如医疗机构、教育机构、商业设施等，满足居民的基本需求，同时可在乡村发展智慧农业和数字经济，提高居民生活品质。

六是可以吸纳城市人口的流动，减轻城市的人口和土地压力，居住在此类乡村的居民不仅可以享受相对较低的房价和生活成本，而且可以享受近邻城市的便利设施和服务。

七是可以凭借区位、交通、资源要素等多方面优势和地域

综合体属性，承接城市的部分功能，如城市的商业、消费、业态、居住等。

由于城乡融合型乡村具有多重功能价值，因而不会被正在推进的城市化所“吞噬”而走向衰亡，相反这种类型的乡村很有可能凭借城乡融合的优势实现全面振兴，成为推动整个乡村振兴率先突破的先行区。

第二节　数字化时代的城乡融合发展

未来社区数字智能建设的方向和措施已经逐步展开，包括以下几个方面：一是完善公共服务和基础设施，完善包括教育、医疗、文化、体育等领域的设施，以及智能化的社区交通和物流系统等，以满足居民的基本生活需求。二是推广智慧服务平台，借助先进的信息技术手段，推广智慧服务平台的建设和应用。这些平台可以提供各种智能化服务，如预约洗车、远程洗菜等智慧服务，以及智能化物业管理、安防监控等社区管理服务。三是探索新型养老模式，为老年人提供更加舒适、便利、安全的生活环境和健康管理服务。可以通过智能化设备的应用，如智能床垫、智能血压计等，实现健康监测和预警，提高老年人的生活质量。四是推广“平台+管家”物业服务模式，通过智能化设备和专业服务人员的结合，提供更加高效、便捷、优质的物业服务。鼓励共享停车，通过智能化停车设备和停车预约服务，实现车位的共享和优化利用，缓解停车难的问题。五是推动智慧安防建设，通过智能化监控设备和人脸识别等技术手段的应用，提高社区的安全性和防范能力。各地大力推进未来社区场景创新，将未来社区作为数字经济“一号工程”的创新落地单元，优先推进5G通信技术的应用等，以推动未来社区建设的快速发展。

数字化时代的城乡融合发展，主要表现在以下 3 个方面。

一、数字技术让传统社区与网络虚拟社区结合

总体看来，中国城乡的传统社区与网络虚拟社区已经密切结合，尤其是后疫情时代，网络已经成为主要的社会联结方式。例如，成都市双流区不断拓展小区治理“智慧场景”，将现代科学技术运用到社会治理实践中，坚持线上线下两种方式提质治理效能，推动基层治理末端见效，做强城乡融合发展“细胞”，通过打破信息孤岛、完善闭环机制、丰富场景应用等方式，让小区“治理”变小区“智理”，彰显精细化、精准化治理特色。线上开发“幸福双流”应用系统，推动打造智慧小区，前端采取“人脸识别系统、电话卡、门禁卡、身份证”等模式门禁通行，后台与四川省大数据中心打通信息壁垒，建立动态更新科学精准数据底座，2023 年已在 261 个小区安装物理感知源 884 台，依托幸福双流智慧小区管理系统开辟党建线上阵地，2024 年将全域覆盖 1 168 个小区，构建群众诉求表达和党组织即时回应、快速办理、闭环落实机制。线下试点开展“小区体检”，将“体检”数据融入智慧数据底座，通过大数据分析实现异常情况实时预警，推动小区紧急事项和矛盾纠纷处早、处小、处快。

二、数字技术会大大减少城乡融合中人力物力的投入

目前中国城乡社区中居民人口数量与政府工作，人员数量并不匹配，居民需求与政府工作人员的工作存在落差，政府工作人员面临场景复杂、沟通不畅等问题。“互联网+”虽然会让群众意见直达，但是处理问题的工作量也会成倍增加，在网格化管理日益精细的情况下，流程也相对繁杂，如果“互联网+”等平台只变为“传声筒”远远不够，24 小时的政务服务和急速增长的体量，都会让政府工作人员不堪重负。而人工

智能进一步运用到基层治理中，就会大大降本增效，极大提升社会治理的效率。例如，成都市双流区通过推动“双线融合”强服务，依托智慧治理平台整合力量，线上畅通街道社区、院落三级信息化“数据链”，线下整合社区民警、网格员综治队员、红袖套、小区党员热心群众等多种力量，形成“线上发现问题—派发整改清单—线下及时落实—限时督导问效”的工作责任闭环。“接—派—督—考—评”的环节中，自动给市民反馈电话和办理进度，人工智能所能提供的语音接待是24小时全天候、快速响应的积极服务。

三、数字技术让城乡融合提质增效

2022年国务院印发《关于加强数字政府建设的指导意见》再次强调了数字政府建设的重要性，“最多跑一次”“一网通办”等数字创新实践，提升了一体化政务服务和监管效能，随着网络强国战略和大数据战略的实施，数据共享和开发利用强化了政府治理能力和决策水平，拓宽了多元主体参与治理的渠道和途径，发挥了赋能政府和赋权社会的重要作用。

例如，成都市大力推进“智慧蓉城”建设，包含了天府市民云平台、社智在线、智慧社区综合信息平台，促进社区治理服务智能化。“社智在线”以社区基础数据库为基础，已归集人员数据2 473.6万条，人房关系数据1 907.3万条，院落数据5.8万条，房屋数据737.1万条，以社区管理、社区服务、社会参与为主要功能，相关数据已试点运用于疫苗接种报名、适龄儿童教育资源匹配、高龄人群补贴发放、社区投票表决等服务场景，现有活动报名、问卷调查、公共空间预约、需求收集、疫情防控工具等模块，社区疫情防控、社区保障、资金e管家、社区减负等主题应用，是跨层级、跨部门、跨区域、跨系统、跨业务的开放共享的社区综合信息平台。双流区则将智慧应用场景延伸到小区，在主动融入“智慧蓉城”建设基础上，搭建网上群众路线综合服务平台，畅通党群沟通渠道，构建直达“部门镇街—村组—小区”接诉即办可视体系。

第三节 “千万工程”推动城乡融合发展

城乡融合发展是指以城乡生产要素双向自由流动和公共资源合理配置为重点，以工补农、以城带乡，统筹推进城乡基本公共服务普惠共享、城乡基础设施一体发展、城乡产业协同发展、农民收入持续增长，形成工农互促、城乡互补、协调发展、共同繁荣的新型工农城乡关系，加快农业农村现代化和乡村振兴。

城乡融合发展，县域是重要切入点和主要载体，为此，2022 年，中共中央办公厅、国务院办公厅印发《关于推进以县城为重要载体的城镇化建设的意见》。

在新发展格局下，城乡融合发展被赋予了新的内涵和意义。

现阶段，培育强大国内市场是构建新发展格局的战略选择。健全城乡融合发展体制机制，特别是推动乡村资源与全国统一大市场相对接，将有效提高供给质量、拓展需求空间，正是强大国内市场之所在。从消费看，当前农民和未落户城镇的常住人口人均消费支出分别仅为城镇居民的 1/2、2/3 左右，如果能通过市民化解除其消费的后顾之忧，消费支出将以几千亿元的规模逐年递增；乡村拥有优美生态和优质农产品，如果能供应适合市民下乡消费的产品和服务，将释放出极为可观的增长潜力。从投资看，当前城乡基础设施和公共服务设施存在短板弱项，农民人均公共设施投入仅是城镇居民的 1/5 左右，推动城乡基础设施和公共服务一体化发展，将开辟出巨大的投资空间。

城乡融合发展为全面推进乡村振兴提供制度保障。我国在统筹城乡发展、推进新型城镇化方面取得了显著进展，但城乡要素流动不顺畅、公共资源配置不合理等问题依然突出，影响城乡融合发展的体制机制障碍尚未根本消除。因此，不能就农业谈农业、就乡村谈乡村，必须通过健全城乡融合发展体制机制，破除妨碍城乡要素自由流动和平等交换的体制机制壁垒，促进各类要素更多向乡村流动，在乡村形成人才、土地、资金、产业、信息汇聚的良性循环，为乡村振兴注入新动能，为全面推进乡村振兴提供制度保障。

从现阶段看，城乡融合的重点难点在乡村振兴。所以，学习运用“千万工程”经验，推进乡村全面振兴，是城乡融合发展的关键。

20 多年来，“千万工程”造就了浙江省万千美丽乡村，造福了万千农民群众，取得了明显成效。20 多年的“千万工程”实践与迭代升级，“千万工程”的内涵和意义已不断深化和升华，“千万工程”改变的已不仅是乡村的人居环境，还触及了乡村发展的方方面面，深刻地改变了乡村的发展理念、产业结构、公共服务、治理方式以及城乡关系。“千万工程”不仅是乡村人居环境整治与改善的乡村建设工程，也是惠民工程、民心工程和共富工程，是乡村振兴和城乡融合发展的基础性、枢纽性工程。

第七章　乡村人才振兴

第一节　激活乡村振兴“人才引擎”

一、青年人才赋能乡村振兴的动力

实施乡村振兴战略对破除“城乡二元结构”具有重要意义，有助于乡村资源整合，吸纳乡村劳动力，提升乡村经济发展水平。乡村振兴全面实施需要一个完整的乡村治理体系，如今，已从巩固拓展脱贫攻坚成果到全面推进乡村振兴，统筹做好全面脱贫与乡村振兴衔接工作，需要广大青年群体积极参与乡村治理，激活青年群体参与乡村振兴的内生动力，为乡村治理建言献策。

在数字经济背景下，数字技术在农村经济社会中得到了广泛应用，应呼吁一批懂技术、有专长的人才返乡就业，广泛吸纳各类高素质人才，为推动乡村振兴贡献智慧与力量。

二、青年人才赋能乡村振兴的困境

城镇化快速发展进程中，城乡二元结构不断加剧，传统的农村经营不断受到城镇化的冲击，由于城市增长极的出现，不断虹吸周边乡村优质青年，使其积聚在发达地区，导致乡村中、青年人口的流失，形成农村“空巢化”现象。乡村人才总体数量较少，人才引进政策对扩大推进乡村振兴所需人才总数的支撑效果不明显，难以发挥人才对乡村发展的支撑引领作用。

三、青年人才赋能乡村振兴的路径

2021 年，中共中央办公厅、国务院办公厅印发了《关于

加快推进乡村人才振兴的意见》，要坚持把乡村人力资本开发放在首要位置，大力培养本土人才，引导城市人才下乡，推动专业人才服务乡村，吸引各类人才在乡村振兴中建功立业，健全乡村人才工作体制机制，强化人才振兴保障措施，培养一支懂农业、爱农村、爱农民的“三农”工作队伍，为全面推进乡村振兴、加快农业农村现代化建设提供有力人才支撑。

（一）优化乡村人才建设机制

国家发挥领导牵头作用，建立明确的条文规范，支持乡村人才政策发展，促进专业人才的技能交流和提升。

（1）拓宽基层岗位开发渠道。基层岗位干部是与广大人民群众接触得最多的群体，也是磨练毕业生成才的重要平台，因为在开拓基层岗位时要以人才需求为出发点，结合公共服务开设更多的岗位，为毕业生搭建更好的就业平台。

（2）加强政策宣传，提高基层岗位的社会影响力，提高社会对他们的职业评价，提升其社会地位，弥补乡村引进人才的心理落差。

（3）调整薪资结构，保障乡村基层引进人才的薪酬待遇。乡村基层岗位的待遇与发达地区的岗位待遇存在着较大的差距，从一定程度上挫伤了基层人才的工作热情，因此落实基层人才薪酬绩效改革，为基层工作人员增加一定的补贴，能让基层工作队伍发展更为稳定。

（4）完善基层干部的准入机制与考核机制，在引进过程中做到择优录用，在考核中确保考核程序的公平公正，考核内容要与实际情况相结合，保证内容的合理性。

（二）开展农民工返乡就业创业培训

随着美丽乡村建设工作不断推进，全国各地兴起了农民工返乡创业的热潮。农民工返乡创业是一个动态的过程，积极推动农民工返乡创业，需要从扩大农民工培训规模、提升培训质量、落实创业补贴等方面推进。

（三）优化乡村人才发展软硬环境

乡村人才所处环境与条件相对艰苦，肩负着乡村建设的重大使命。打造有利的产业发展环境、人才引进发展环境以及人居环境等，有利于乡村人才更好地为美丽乡村建设提供优质的服务。打造良好的人才发展环境需要根据工作实际，适当给予乡村人才处理问题的机会，更好赋予乡村人才工作所需要的权限和资源。

第二节 人才振兴助力乡村经济高质量发展

乡村振兴战略的实现需要以人才资源作为关键依托，乡村经济高质量发展更需要建立在人才振兴的基础上，因此，新时代人才振兴将会成为农业现代化发展的关注重点。

一、人才振兴助力乡村经济高质量发展的意义

人是生产力当中最活跃的因素，乡村经济高质量发展需要强有力的人才作为保障。

（一）人才振兴有助于提高农村干部队伍素质

由于农村基础设施不完善、市场化水平不高、医疗卫生教育等情况不尽如人意，因而大量农村劳动力出现外流现象。农村劳动力外流状况是不容乐观的。人才振兴不仅需要提升农村现存劳动力资本，还要吸引大量的外来人才和留住本地的精英人才，同时为了源源不断地输送人才还需要改善教育质量，从根本上改善农村干部队伍年龄结构不合理和受教育程度不高等问题。同时，人才振兴更表现在农村干部的选拔任用机制的完善方面，将品德修为、管理能力和智力水平等放在突出位置，

能够有效避免村干部在履职过程中出现错位、缺位和异位等问题。

（二）人才振兴有助于加快农业现代化进程

农业现代化是我国农业发展的核心目标，它是利用经济发展和科学技术改变传统农业生产经营方式，从而达到高产、低耗和优质等目的，实质上就是对传统农业进行技术化改造，形成“互联网+农业”的升级版。而这一切的实现需要人的推动，培养和造就一批具备较高科学文化素质、掌握农业经营和管理技术、拥有驾驭社会主义市场经济能力的农村人才队伍就显得尤为必要。如在面对大规模庄稼成熟后收割问题，传统农业采取的是人工收割，现代化农业会采取机器人收割方式，不仅解放了人力，同时保证收割更加高效和高质，能够让农产品迅速投入市场，提高了商品间流通效率和竞争力，实现了扩大再生产和规模效应，促使农村经济高质量发展，更好地满足人民日益增长的个性化、多样化和不断升级的需要。

（三）人才振兴有助于实现乡村振兴目标

党的二十大报告明确指出“扎实推动乡村产业、人才、文化、生态、组织振兴”。乡村振兴具有多重路径选择，而人才振兴才是其中最为重要的力量支撑，其他振兴都需要依靠人才振兴来实现，人才培养的质量高低直接影响乡村振兴战略的达成效果，因而，乡村振兴必须将人才培养教育管理等方面工作摆在突出位置。从当前中国农村产业发展情况来看，大多数农村产业发展程度不高甚至处于停滞状态，很大一部分原因是农村劳动力人力资源供给不足，特别是创新型、技术型和管理型等综合性人才短缺，致使农村产业发展举步维艰，从而直接影响农村经济发展质量，农民生活水平就无法提高，不仅无法吸引外来人才，本土人才也会大规模流失，留下来的大都是没有劳动能力或是能力素质偏低的中老年农民群体，他们对于新兴产业的发展难以发挥应有的作用，城乡差距不断扩大，从而导致农村经济发展进入恶性循环。只有推进人才振兴，提升农民的综合文化素质和受教育程度，整个社会的文明程度才会提高。

二、人才振兴助力向高质量发展的实现路径

基于对现实困境的深入分析，从构建全方位人才培育、引进模式、改进村干部的选拔、任用和管理方式及完善农村人才体制机制建设三方面来破解现实难题。

（一）构建全方位人才培育、引进模式

人才振兴的关键在于能够处理好"本土人才"和"外来人才"之间的关系，做好本土人才的培育和管理，同时要多方聚才，利用一切条件和资源吸引更多人才投身乡村建设。只有这样多方发力，才能整体提高农村劳动力人力资本的积累，从而为乡村建设出谋划策，助推乡村经济朝着高质量方向迈进。

对于现有农村人才要充分挖掘、培育和管理。要以知识结构的优化和管理经验的提升为立足点，结合农村培训的具体实例，提出创新培训策略和方案。政府要为培训提供政策支持和物质帮助，不仅在培训场所和培训专家等方面提供援助，还要通过与相关农业科研院所和校企联合，将农业现代化技能实现最大范围推广，让农民掌握最新农业现代化技术并运用到农业发展实践当中。

还可以从当地龙头企业或有丰富农业技术经验的农业大户中寻找人才，更要创造一切有利条件为农民学习先进农业技术提供便利，如通过新媒体、培训班、广播、实地参观等方式强化农民对农业现代化知识技能的学习。这些措施不仅可以提升

本地人才的人力资本水平，同时还可以为吸纳外来人才奠定基础。

由于农村外流人口较为严重，所以需要多方吸引社会各界人才投身于农村现代化建设。这里的社会各界既包括受到高等教育的知识分子和各领域中有突出工作经验的人才，也包括在当地享有崇高声望、品行优良、卓越才能并且与本土有浓厚情结的乡贤群体。要借助政府网站公开人才信息引进，还要让政府在动之以情的同时为这些人才引进提供政策支持和资金扶持，在教育、住房、医疗等方面给予补贴和优惠。政府还要加大力度优化选调生体系，为选调生在农村发展提供各方面便利通道，让他们在农村地区扎下根、服务于农村各项事业的开展。

政府还要设立专项资金来专门鼓励到乡村创业的企业，可以聘请相关领域专家进行点对点专业化指导，也可以为创业者提供外出学习的机会，助推农村企业快速壮大。

（二）改进村干部的选拔、任用和管理方式

选好配强两委村干部是推动乡村振兴、实现乡村经济高质量发展的前提，把好入口关尤为重要，将村干部选拔工作贯穿人才振兴的全过程。在选拔标准的制定上，更加注重村干部的品德修为、知识、技能和管理经验等综合能力。在选拔程序上也要科学化和规范化，让村民参与其中，选出村民满意的干部队伍。

在培养青年后备干部方面，建立常态化的后备干部招考制度，将社会各界的有志青年吸纳到农村干部体系之中，以职业化培养机制、本土化嵌入机制和社会化衔接机制，让青年后备干部能够在岗位上“做得下去”。可以采取村主职干部助理制度，形成县镇村三级分工负责的培养体系，让他们在不同级别和分类培养的过程中得到快速成长，从而正式进入“两委”班子当中，这样会对开展农村工作得心应手，为农村经济的良性健康发展提供了有力保障。同时还可以建立村干部流动机制，从根本上打破县域范围内的流动限制，从而根据村实际需求匹配相应的人才，这样就有效地避免了职位和能力相互错位的现象，提高了工作效率的同时使村干部的自我价值感得到充分彰显。还可以建立村干部流动机制，从根本上打破县域范围内的流动限制，提高工作效率和村干部的自我价值感。

在村干部管理方式上要建立逐级晋升机制，要让村干部看到未来职业发展路径。可以派遣他们到强镇、富村、龙头企业进行专门学习，形成对口帮扶机制，针对弱村可以采取定点扶持，帮助其解决发展困境。同时，有的村干部存在混日子的现象，针对这种情况，应将过程性考核和结果性考核有机结合，探寻更加合理的考评机制，让村干部干事有劲头和有奔头，促使这份工作步入职业化和规范化发展轨道。

（三）完善农村人才体制机制

完善农村人才体制机制建设有助于加强本土人才内生、引进、培育和发展，提升农村人才队伍整体素质，从而促进农村工作朝着平稳和可持续化方向运行。

首先，要加强农村干部队伍内生性培养机制建设。本土人才更加了解本地的风土人情和文化历史，更适合和愿意回归本地奉献自身。通过政策扶持、资金支持、知识内化等方式把农村各领域人才潜力充分调动起来，让他们在各领域发挥优势和特长，从而突破陈规，实现由点及面带动周围农村发展。同时，要加大政策支持力度、项目吸引程度、感情笼络深度，各种方式将留出的本土人才吸引回来，不断壮大农村内生性本土人才队伍，为农村经济发展持续发力。

其次，要健全农村人才队伍的选拔、培育、管理和激励机制。采取一整套程序化、公开化、民主化、规范化的选拔和培

育模式，选出一批真正愿意深入农村、发展农业和服务农民的干部队伍。还要在农村人才队伍的管理和激励机制上持续完善。从能力、素质和工作成效等方面综合考量农村干部，对能力突出、有卓越贡献的村干部给予激励，确保农村人才干部队伍发展壮大。

最后，要优化农村人才队伍引进机制。内生性农村人才队伍是人才振兴的重要支撑。需要广泛聚才，吸纳社会各界精英人士、各领域有管理能力和技能的优秀人才补充到现有农村人才队伍中，需要为他们“量体裁衣”找到最适合的岗位，同时给予丰厚的福利待遇。如江西省上饶市就从福利待遇上吸引大学生回村任职，对回村大学生通过法定程序进入村（社区）“两委”的，保持待遇不减。这些举措能够有力招揽社会英才向农村地区倾斜，进一步优化村干部队伍结构，使得新引进的农村人才工作有盼头、干事有劲头、发展有空间，从而不断升级农村后备力量的储备，推动农村农业发展迎来新的春天。

第三节　耕读教育服务乡村人才振兴

耕读教育是涉农高职院校对接国家农业强国建设的重要突破口，是培养大学生“三农”情怀的重要方式，是推进乡村人才振兴的重要支撑点。习近平总书记在党的二十大报告中强调，“全面建设社会主义现代化国家，最艰巨最繁重的任务仍然在农村”，明确要求进一步推进乡村振兴，而实现乡村全面振兴最大的问题就在于乡村人才的短缺。教育领域必须要加强乡村人才的培育工作，使教育赋能乡村振兴和社会主义现代化建设。耕读教育是培育乡村振兴人才的重要方式和途径，能为乡村振兴提供强大的人才支撑和智力支持。

一、耕读教育的内涵

通常意义上讲，“耕”就是从事农业生产、耕田种粮，从物质上保证人的生存；“读”就是知识学习、文化教育，在精神上确立人的价值。耕读教育作为中华文明延绵数千年的“密码”，是中国古代教育理念的精髓所在，是需要传承和发扬的教育智慧。耕读教育始于先秦百家争鸣的时代，农家的代表人物许行率先提出了“贤者与民并耕而食”的主张。经汉魏到唐宋，耕读教育逐步演化为一种生活方式，一种教育理念、一种关系家国社稷的治理之道与选才之法。明末清初时期，开始论述耕读教育中“耕”与“读”的辩证关系及其重要性，耕读教育在古代中国的教育中占据着重要位置。中华人民共和国成立后，耕读教育也被应用于党和国家的教育改革和人才培养之中，更加注重人才的劳动教育，是一种关乎价值取向、使命追求、劳动实践的终身教育。在新时代，开展耕读教育工作，推行耕读文化，能够推动中华优秀传统文化与现代社会发展的有效衔接，对于培养知农爱农兴农型人才、实现乡村振兴和社会主义现代化建设具有重要意义。

二、耕读教育服务乡村人才振兴的路径

耕读教育在传承农耕文化，促进人的全面发展，实现乡村人才振兴方面具有重要价值。涉农高校要对接新时代乡村全面振兴的对于人才的现实需要，充分发掘耕读教育的时代价值，开辟耕读教育服务乡村人才振兴的新路径。

（一）营造耕读教育校园文化

耕读教育文化起源于古代农耕社会历史时期，是中华优秀传统文化中的重要组成部分。耕读教育能够培育青年大学生人才树立正确的三观，培育大学生人才的爱国情怀，强化大学生人才的知农爱农兴农使命。

营造耕读教育校园文化，对涵养大学生人才的“三农”情怀，传承中华优秀传统文化，助力乡村人才振兴具有重大的现实意义。

涉农高校应营造耕读教育校园文化，将耕读文化融入校园文化建设之中，让耕读文化和劳动教育自觉融入大学生人才的日常生活，让大学生人才在校园文化的熏陶中，感知中华传统农耕文明的魅力。另外，还应该注重校园活的文化的运用，将“耕”与“读”相结合，融合典型事例，邀请涉农专家和典型人物进行专题报告，鼓励和引导大学生人才服务乡村振兴。

耕读教育将耕读精神融入大学校园精神文化，以实现耕读教育的价值内化。以耕读教育中的劳动教育来强化大学生人才的意志品质，提高大学生人才的劳动实践技能，推动耕读教育实现创造性转化，以文化人，鼓励新时代大学生人才争做强农、助农、兴农的农业现代化新人。

（二）构建耕读教育课程体系

教育部明确指出各涉农高校要加强耕读教育工作，完善耕读教育课程教学，提高耕读教育育人的效果，这为涉农高校开展耕读教育工作、推进课程教学改革提供了根本遵循。

耕读教育倡导半耕半读，理论与实践相结合是涉农高校进行劳动教育的有效载体。耕读教育将“耕”的劳动教育和“读”的理论教育相结合，具有德智体美劳等全方位的育人功能，让大学生人才在“耕”与“读”、理论与实践中成才成长。因此，涉农高职院校要构建耕读教育体系，完善课程体系，发挥各类课程中的耕读教育元素协同育人效果。

涉农高职院校应该根据自身发展建设的情况，结合院校和专业特色，编写关于耕读教育的教材、增设相关课程、创新教育教学方式方法，构建耕读教育课程体系。

将耕读教育课程作为必修课和选修课，使各类专业课程协同育人，发挥课程育人的主阵地作用，培养大学生人才的耕读意识和耕读精神，提高大学生人才的专业技能。

（三）拓展耕读教育实践平台

实践是理论之源，培养大学生人才，对接社会主义新农村建设，耕读教育实践是关键。要使耕读教育发挥育人实效，必须拓展耕读教育实践平台，加强耕读教育实践基地建设。

涉农高职院校要根据学校发展特色和专业特色开展各类特色农业活动，建设耕读教育实践基地，打造耕读教育品牌，加强与各乡村、各企业和政府的合作，引导大学生人才到各类实践基地、企业生产现场、乡村社区进行社会实践，增强大学生人才服务"三农"的责任感和使命感。

涉农高职院校要着力于拓展耕读教育的实践平台。涉农高职院校应依据学校的农业特色和专业领域，打造一批耕读教育实践基地，加强大学生人才的实践锻炼。涉农高职院校除了打造一批具有学校和专业特色的耕读教育实践平台之外，还应该加强与周边各个乡村和相关农业企业的联系合作，积极建设校外耕读教育实践平台，使校内校外耕读教育实践基地实现互联互动，锻炼大学生人才的实践能力。

（四）培育耕读教育师资队伍

教师是教育的根本，兴国必先兴教，兴教必先强师。建设一支专业化高质量的教师队伍是涉农高校开展耕读教育的必由之路。因此，要实现耕读教育更好地服务乡村人才振兴必须要加强相关师资队伍的建设。

耕读教育是一种理论与实践相结合的教育形式，对于教师的专业理论素养和实践指导能力要求很高。

涉农高校要注重教师的理论培训和实践能力培养，从理论

和实践两方面提升教师的耕读教育教学水平。首先，涉农院校应加强引进耕读教育相关的专业教师，从源头上把控教师的专业质量和水平；其次，涉农院校应对从事耕读教育的教师进行专业理论培训和考核，提高相关专业教师的理论素养和专业水平；最后，涉农院校应对从事耕读教育的专业教师进行实践指导训练，耕读教育对于实践性要求很高，教师必须具有专业的实践指导能力，加强对其实践指导能力的提升。

耕读教育实效性的发挥，离不开一支专业化高质量教师队伍的引导。涉农院校要抓好培育耕读教育师资队伍的建设，不断拓宽人才引进渠道，优化专业教师知识能力结构，培育高质量的育人师资队伍，为耕读教育服务乡村人才振兴提供坚实的师资力量支撑。

总之，新时代赋予了涉农高校耕读教育新的内涵和历史使命。耕读教育作为培养大学生人才的新模式、新途径，已受到教育领域的高度重视。涉农高校应加强营造耕读教育校园文化、构建耕读教育课程体系、拓展耕读教育实践平台、培育耕读教育师资队伍，全方位加强耕读教育在乡村人才振兴中的教育效果，涵养大学生人才的“三农”情怀，增强服务农业农村现代化的使命感，强化大学生人才的劳动实践技能，让学生能够真正地走进农村、走近农民、走向农业。

第八章　乡村文化振兴

第一节　推进乡村文化振兴的重大意义

习近平文化思想继承发展了马克思主义文化理论，汲取了党领导人民推进文化建设的实践经验，深刻把握了新时代中国特色社会主义文化建设的内在规律，对当前我国文化建设提供了科学指引。

乡村文化振兴作为我国文化建设和新时代乡村建设的重要内容，对培育农村文明新风尚、倡导农村健康文明生活、加强农民思想道德教育和民主法治教育具有重要意义，同时也有助于推进乡村产业振兴和生态环境治理。当前，学界对乡村文化振兴的概念、意义、举措等内容进行了较深入的研究，也从数字技术、城乡融合发展等视角对乡村文化振兴进行了研究，形成了一定的研究成果，但鲜有从习近平文化思想视角对乡村文化振兴的理论研究成果。

一、习近平文化思想与乡村文化振兴

马克思曾在《德意志意识形态》中指出，“思想、观念、意识的生产最初是直接与人们的物质活动，与人们的物质交往，与现实生活的语言交织在一起的。”习近平文化思想作为一种观念存在物，必然要与现实物质活动发生交互作用，必然与当前我国社会生活有着密切联系。在乡村文化振兴语境下，习近平文化思想与乡村文化振兴构成了理论与实践的良性互动关系。此外，从历史与现实角度看，实现中华民族伟大复兴是近代以来中华民族最伟大的梦想，习近平文化思想与乡村文化

振兴也均统一于中华民族伟大复兴。

二、习近平文化思想关于乡村文化振兴的时代内涵

深刻把握习近平文化思想与乡村文化振兴之间的关系，是进一步从习近平文化思想出发掌握乡村文化振兴的时代内涵和核心内容的重要前提。习近平文化思想立足马克思主义基本原理和新时代中国特色社会主义伟大实践，成为新时代我国文化建设的科学指南，对包括乡村文化振兴在内的新时代文化建设的各个方面进行了科学论述，对乡村文化振兴的时代内涵进行了科学性阐释，对其核心内容进行了系统性归纳，为新时代乡村文化振兴提供了根本指引。

（一）习近平文化思想关于乡村文化振兴的时代内涵

2018 年，习近平总书记参加山东代表团审议时指出，“要推动乡村文化振兴，加强农村思想道德建设和公共文化建设，以社会主义核心价值观为引领，深入挖掘优秀传统农耕文化蕴含的思想观念、人文精神、道德规范，培育挖掘乡土文化人才，弘扬主旋律和社会正气，培育文明乡风、良好家风、淳朴民风，改善农民精神风貌，提高乡村社会文明程度，焕发乡村文明新气象”，同时明确了乡村文化振兴是乡村振兴的重要内容，强调“实施乡村振兴战略要物质文明和精神文明一起抓”。从这些经典论述中，可以进一步归纳乡村文化振兴的时代内涵，即乡村文化振兴是指在党的领导下，为服务乡村振兴全局和满足乡村群众高质量文化需要，在乡村地区推进社会主义先进文化建设，弘扬社会主义核心价值观，推进优秀传统文化创造性转化和创新性发展，开展思想道德建设、发展乡村文化事业和文化产业等，最终实现乡村文化繁荣、乡风文明淳朴、主旋律高度弘扬、农民精神境界显著提升的伟大事业。

从习近平文化思想看乡村文化振兴的时代内涵，可以进一

步透视乡村文化振兴的理论特质，主要涵盖3个方面。

一是乡村文化振兴是着眼于现实的人的文化振兴。历史的人是现实的人，历史活动本身应着眼于现实的人的需要，乡村文化振兴也不例外。

习近平总书记对乡村文化振兴提出的诸多要求，如“改善农民精神风貌”“加强农村思想道德建设”“培育挖掘乡土文化人才”等，都是从乡村群众对高质量文化需要出发的，都深刻把握住了乡村文化振兴背后人的因素。从这个意义上讲，乡村文化振兴不仅是为了文化本身，更是为了文化背后的现实的人。

二是乡村文化振兴是科学把握历史、现实与未来的文化振兴。乡村文化承载着过去、连接着现在，并向未来延续，因此处理好乡村文化历史、现实与未来的关系对乡村文化振兴尤为重要。

习近平总书记曾对农耕文化、乡村优秀传统文化进行过论述，在2013年中央农村工作会议上，他指出，“农耕文化是我国农业的宝贵财富，是中华文化的重要组成部分，不仅不能丢，而且要不断发扬光大。”在2017年中央农村工作会议上也指出，“我们要深入挖掘、继承、创新优秀传统乡土文化。”这些科学论述，既是习近平文化思想精辟论断的集中呈现，也深刻反映了我国乡村文化振兴是科学把握历史、现实与未来的文化振兴。

三是乡村文化振兴是正确处理社会主义先进文化与中华优秀传统文化关系的文化振兴。习近平文化思想闪烁着“两个结合”的智慧，在对乡村文化振兴进行科学阐释时，明确了乡村文化振兴既要弘扬社会主义先进文化，筑牢社会主义意识形态防线，也要传承创新中华优秀传统文化，赓续中华文脉。这实际上规定了乡村文化振兴必须是社会主义先进文化大力弘

扬、中华优秀传统文化广泛传播的文化振兴。

（二）习近平文化思想关于乡村文化振兴的核心内容

根据习近平文化思想关于乡村文化振兴时代内涵的科学阐释，可以进一步明确乡村文化振兴的核心内容，主要包括 4 个方面。

一是乡村优秀传统文化振兴。习近平文化思想明确阐述了“赓续中华文脉”，这一论断对乡村文化振兴而言，就是要实现乡村地区优秀传统文化的振兴。乡村是中华优秀传统文化的聚集地，乡村优秀传统文化涵盖了中华民族祖先的优秀思想道德、艺术技艺、劳动经验、节日习俗等，振兴乡村优秀传统文化不仅是赓续中华文脉的必然要求，也是新时代文化强国建设的现实要求。

二是乡村文化事业和文化产业的振兴。习近平总书记在全国宣传思想文化工作会议上明确强调，“着力推动文化事业和文化产业繁荣发展。”从习近平文化思想出发，乡村文化振兴必然要实现乡村文化事业和文化产业的振兴，既要提升农村地区教育文化水平、增强公共文化服务体系建设、大力发展文化事业，也要推进文化产业建设，从乡土文化中挖掘推动文化产业发展的有利资源。事实上，只有乡村文化事业和文化产业繁荣，乡村文化振兴才能拥有更为强大的动力。

三是乡村文化人才队伍振兴。乡村文化振兴离不开人才的支撑，只有形成高质量的文化人才队伍，乡村文化振兴才能持续发力、接续前进。习近平总书记深刻认识到了文化人才对乡村文化振兴的重要意义，他明确指出：“要培育挖掘乡土文化人才，开展文化结对帮扶”。在不断培养乡土技艺传承人、乡村文化研究人、乡村文化宣传人的基础上，乡村文化振兴才能行稳致远，因此可以说，乡村文化人才队伍振兴是乡村文化振兴的核心内容之一。

四是乡村社会主义先进文化建设高质量推进。乡村文化振兴必须坚持正确的政治方向，要以社会主义先进文化教育群众、感染群众、团结群众。习近平文化思想明确要求建设具有强大凝聚力和引领力的社会主义意识形态，将此要求投射到乡村文化振兴领域，就是要在乡村地区高质量推进社会主义先进文化建设，不断以马克思主义理论武装群众，以红色文化感染群众，以习近平文化思想教育群众，这就构成了乡村文化振兴的又一核心内容。

三、习近平文化思想对乡村文化振兴的意义

厘清习近平文化思想关于乡村文化振兴的时代内涵和核心内容的科学阐释，有助于准确把握习近平文化思想对新时代乡村文化振兴的重大意义。新时代乡村文化振兴作为乡村全面振兴的重要推动力，"是解决中国乡村文化发展不平衡不充分的关键环节，也是实现人民对美好生活向往的重要举措"。新时代乡村文化振兴离不开科学理论的指引，习近平文化思想作为新时代我国文化建设的总指引和总方针，能够对乡村文化振兴的政治方向、内在规律、时代之问等予以明确和回应，对新时代高质量推进乡村文化振兴意义重大。

（一）习近平文化思想明确了乡村文化振兴的政治方向

乡村文化振兴坚守正确的政治方向，关键在于回答好乡村文化振兴坚持什么理论、走什么道路、恪守什么立场的问题。习近平文化思想从宏观战略层面指明了文化建设的政治方向，即中国的文化建设必须坚持马克思主义文化理论，必须走中国特色社会主义文化发展之路，必须恪守人民至上这一根本立场。这实际上也为我国乡村文化振兴指明了政治方向。

首先，以习近平文化思想为指引，能够有效确保新时代乡村文化振兴始终坚持马克思主义文化理论。习近平总书记指

出，“中国共产党为什么能，中国特色社会主义为什么好，归根到底是因为马克思主义行。”马克思主义文化理论是建立在马克思主义理论体系之上的，对人类社会文化发展规律、文化建设规律、文化与人的关系予以科学回答的卓越思想。习近平文化思想是对马克思主义文化理论的继承与发展，是21世纪马克思主义文化理论的集中体现。坚持以习近平文化思想指引乡村文化振兴，能够确保乡村各项文化建设深入贯彻马克思主义文化理论的世界观与方法论，能够将马克思主义本身所蕴含的“人的自由全面发展”“共产主义远大理想”“社会生活在本质上是实践的”等科学理论有机融入乡村文化振兴的目标、原则、任务、策略之中，使乡村文化振兴永葆马克思主义的政治底色。

其次，以习近平文化思想为指引，能够有效确保新时代乡村文化振兴始终走中国特色社会主义文化发展之路。习近平文化思想深刻诠释了中国特色社会主义文化发展规律，对“为什么走中国特色社会主义文化发展之路”和“如何走好中国特色社会主义文化发展之路”进行了科学回答。2023年10月，习近平在宣传思想文化工作做出的重要指示中指出，“要坚持以新时代中国特色社会主义思想为指导，全面贯彻党的二十大精神，聚焦用党的创新理论武装全党、教育人民这个首要政治任务，围绕在新的历史起点上继续推动文化繁荣、建设文化强国、建设中华民族现代文明这一新的文化使命”。这就意味着坚持以习近平文化思想为指引，才能在中国特色社会主义文化发展之路上行稳致远。乡村文化振兴是乡村这一基本地理单元为实现文化振兴的目标而坚定中国特色社会主义文化发展之路的具体实践行为，以习近平文化思想为指引，能够为乡村文化振兴提供走好中国特色社会主义文化发展之路的密码，能够将宏观层面我国文化建设的战略部署、历史层面我国文化发展的经验启示、理论层面我国文化建设的科学理论、微观层面乡村文化建设的现实需要聚合起来，形成推进乡村文化振兴的磅礴之力。

最后，以习近平文化思想为指引，能够有效确保新时代乡村文化振兴始终坚持以人民为中心的根本立场。习近平总书记在党的二十大报告文化部分，对文化建设应坚持人民导向提出了要求，强调"满足人民日益增长的精神文化需求，巩固全党全国各族人民团结奋斗的共同思想基础""坚持以人民为中心的创作导向，推出更多增强人民精神力量的优秀作品"。由此可见，习近平文化思想蕴含深厚的以人民为中心的发展理念，强调人民是文化建设的参与者和享有者，文化建设必须满足人民对美好生活的需要，必须不断通过系列文化建设提升人民的精神境界并增强文化自信，从而实现人的自由全面发展。习近平文化思想所体现的以人民为中心的发展理念，进一步铸牢了乡村文化振兴的根本立场，为新时代乡村文化建设凝聚人民之心、聚合人民之力、吸收人民之智提供了根本遵循。

（二）习近平文化思想揭示了乡村文化振兴的内在规律

乡村文化是一种立足农业生产实践背景之下的文化类型，既包括承载中华文脉的中华优秀传统文化，又包括中国共产党领导中国人民在革命、建设和改革过程中逐步形成的革命文化和社会主义先进文化。乡村文化振兴属于文化建设的范畴，一般是指在乡村区域对社会主义先进文化和中华优秀传统文化接续弘扬，对乡村文化建设的现实困境予以解决，对乡村文化转化为推动乡村经济社会发展的现实力量予以激发的各类行为总和。从乡村文化与乡村文化振兴的概念中不难发现，乡村文化振兴必须处理好社会主义先进文化与中华优秀传统文化的关系、乡村文化与乡村经济社会发展的关系、乡村文化建设成就与现实困境之间的关系、乡土社会的思想道德与现代社会的价

值观念之间的关系等，而乡村文化建设的内在规律就蕴含在这些关系之中。习近平文化思想以马克思主义科学理论为灵魂内核，以包括文化建设实际为根本立足点，对包括乡村文化振兴在内的我国文化建设规律进行了科学揭示，这是习近平文化思想之于乡村文化振兴的重大意义之一。

一方面，习近平文化思想中的“两个结合”理论，为揭示乡村文化振兴必须遵守社会主义先进文化和中华优秀传统文化和谐互动这一规律，提供了理论指引。习近平总书记在党的二十大报告中明确阐述“两个结合”，强调“只有把马克思主义基本原理同中国具体实际相结合、同中华优秀传统文化相结合，坚持运用辩证唯物主义和历史唯物主义，才能正确回答时代和实践提出的重大问题。”

根据“两个结合”理论的要求，社会主义先进文化与中华优秀传统文化不仅要结合，而且要能通过结合释放强大思想文化效能，社会主义先进文化与中华优秀传统文化良性互动的规律是推进乡村文化振兴的内在规律之一，只有以习近平文化思想为指引，深刻把握这一规律，将优秀的传统乡土思想道德与无产阶级思想道德相结合，将乡村地区优秀传统文化资源与新时代中国特色社会主义主流文化相融合，乡村文化振兴才能顺利推进。

另一方面，习近平文化思想理顺了精神文明与物质文明之间的关系，这实际上也为揭示乡村文化振兴必须遵循文化建设与乡村经济发展良性互动这一规律，提供了理论指引。习近平总书记强调，“农村精神文明建设很重要，物质变精神、精神变物质是辩证法的观点”。在推进乡村文化振兴时，只有将文化建设与乡村经济发展联系起来，发挥文化对乡村致富的赋能作用，不断满足群众对高质量文化产品和文化娱乐的需要，乡村文化才能实现真正的振兴。

(三) 习近平文化思想回应了乡村文化振兴的时代之问

当今世界正经历百年未有之大变局，以数字技术、人工智能、互联网为代表的新科技不断涌现，深刻影响着经济社会发展。以新科技为依托形成的流行文化、思维方式、价值观念也对乡村文化提出了挑战，致使乡村文化在面对现代文化时的疏离状态更加严重，“这种对乡村文化的集体失落感直接反映了乡村文化振兴主体对乡村文化的整体认同危机”。与此同时，西方资本主义国家的腐朽思想与错误价值观念也随着经济全球化浪潮对我国意识形态领域产生了冲击，乡村地区的意识形态建设面临诸多挑战。此外，我国文化建设相关的各类配套资源在空间分布上尚不均衡，乡村地区教育质量、科技基础、人才储备等与城市相比存在差距。基于上述事实，当前我国乡村文化振兴面临的时代之问主要包括：乡村文化在面对城市现代文化挑战时如何保持自信的问题、乡村文化建设如何筑起抵御西方意识形态冲击的坚强之盾、乡村文化建设资源如何汇聚并发挥相应的作用等。习近平文化思想作为时代精神的精华，是立足新时代文化建设现实而形成的科学理论，能够科学回应乡村文化振兴面临的时代之问。

第二节　精神生活共同富裕目标下的乡村文化振兴

精神生活共同富裕是共同富裕的重要组成部分，是人们基于物质生活水平提高而产生的更深层次的美好生活需要。

习近平总书记在党的二十大上突出强调，“中国式现代化是物质文明和精神文明相协调的现代化”“全面建设社会主义现代化国家，最艰巨最繁重的任务仍然在农村”。

乡村文化振兴是乡村现代化的客观需要，也是乡村文化现代化发展的必由之路，既能有所侧重地促进农民精神生活共同

富裕，又能在乡村优秀文化的传播中助力全体人民精神生活共同富裕。因此，在社会主要矛盾持续转变的背景下，必须锚定精神生活共同富裕的目标，坚持以乡村文化振兴丰富人民精神生活，促进人民精神生活共同富裕。

一、乡村文化振兴与精神生活共同富裕的关系

乡村文化振兴与人民精神生活共同富裕存在着相互支撑、密不可分的耦合关系。在实现人民精神生活共同富裕的过程中，乡村文化振兴是不可或缺的动力来源；在乡村文化振兴的过程中，精神生活共同富裕是重要的方向。

（一）乡村文化振兴促进人民精神生活共同富裕

优秀文化滋养、丰富和充实人们的精神世界，乡村文化振兴为人民精神生活共同富裕提供高质量文化供给。乡村文化是中华传统文化的重要组成部分，乡村文化振兴能够充分挖掘传播“乡土中国”蕴藏的丰富文化资源，让全体人民都能接触、享受乡村特有的文化滋养。一方面，乡村文化振兴能够持续繁荣乡村优秀文化。博大精深的中华文明起源于乡村，乡村保存有许多优秀文明成果，乡村文化正是集中体现。乡村文化振兴能够使乡村蕴藏的农耕文化、红色革命文化等优秀文化得到重点建设、持续繁荣，使其在满足人民多样化、多层次、多方面的精神文化需要中发挥更大价值。另一方面，乡村文化振兴能够有重点地剔除传统文化糟粕和外来腐朽思想，构建乡村文化传承与发展的良性循环。乡村既保留有众多优秀文化，同时，也存续着大量落后文化，如果不对其进行针对性打击，必将对人民精神生活共同富裕产生严重阻碍。乡村文化振兴的一个建设重点，就是逐步铲除乡村落后思想文化及其负面影响，改善农村文化环境和农民精神风貌，从而使乡村优秀文化在传承与发展的良性互动中助力人民精神生活共同富裕的高质量文化

供给。

乡村文化振兴是乡村振兴战略中的重要一维，与乡村产业振兴、人才振兴、生态振兴、组织振兴相互交织、融合发展。乡村文化振兴的过程其实也是乡村文化赋能乡村经济社会各领域全面发展的过程。具体而言，乡村文化振兴内在包含着对乡村文化资源的挖掘和利用，对乡村基础设施的建设和完善，从而为乡村旅游等特色产业发展提供有力支撑。乡村文化振兴能够从内部育人和外部引才两个维度推动乡村人才振兴。

乡村文化振兴不是简单的文化生产和传播，能够促进人精神的满足，以及道德、智能等素质的全面提升，从而培育好乡土人才。同时，乡村文化振兴能够在赋能乡村经济社会各领域的发展中，为各类人才工作生活提供更多机遇、营造更好环境，进而吸引更多人才参与乡村振兴。

乡村文化振兴在全面提升乡村人口综合素质的过程中，逐步增强人们的环保意识，使农民从思想上认可、接受、践行绿色发展理念，推动乡村整体生态环境改善。乡村文化振兴能够增强基层组织人员的思想认知和实际本领，不断提升乡村组织建设的质量和实效。乡村文化振兴能够推动乡村“五大振兴”在和谐互促中创造更大财富，为人民精神生活共同富裕打牢基础。

乡村文化振兴是我国繁荣发展乡村文化的科学选择，既能有所侧重地推进农民精神生活共同富裕，又能使城乡全体人民同享乡村文明成果，促进全体人民精神生活共同富裕。

可以说，人民精神生活要富裕，乡村文化必须振兴。在中国式现代化新征程中，促进人民精神生活共同富裕，必须用好乡村文化振兴这个重要抓手。

（二）精神生活共同富裕为乡村文化振兴指明了方向

人民精神生活共同富裕是中国式现代化和中华民族伟大复

兴的应有之义。乡村文化振兴作为促进人民精神生活共同富裕的重要举措，必须始终坚持以人民精神生活共同富裕为指引。唯有如此，才能保证乡村文化振兴始终沿正确方向发展，不断满足人民日益增长的精神文化生活需要。

精神生活共同富裕指明了乡村文化振兴的全民性发展方向。精神生活共同富裕不是城市人的专利，也不是哪一部分人的特权，而是城乡全体人民的共建共富。中国式现代化新征程中，推进乡村文化振兴需要以更宽广的视野看待其建设主体和享受主体，更加深刻地认识和践行人民精神生活共同富裕的全民性。在乡村文化振兴的过程中，要充分凝聚各方力量、汇聚各方资源，既要充分调动广大农民的积极性、创造性，也要通过有力措施吸引各类非农人员参与其中。要不断提升乡村文化振兴的全民共建性，切实保障全体人民都能共享乡村文化振兴的成果，避免简单地把乡村文化振兴等同于丰富农民精神生活。固然，乡村文化振兴需要提升农民精神生活水平，缩小城乡居民精神生活差距，但如果从一个更高层面来理解的话，乡村文化振兴具有满足全体人民精神生活需要的特性。

精神生活共同富裕指明了乡村文化振兴的全面性发展方向。精神生活共同富裕在内容上不是抽象的、虚无的，其内容十分全面且具体，由浅入深主要包括人在情感、才能、道德、信仰 4 个维度上的全面满足和富有。乡村文化振兴要衔接好精神生活共同富裕的全面性要求，紧紧围绕城乡人民在不同维度的精神发展需要来开展，绝不能脱离人的需求盲目进行乡村文化的生产和供给。具体来讲，乡村文化振兴需要从内容上着重做好以下工作。

一是通过优秀传统文化的转化与乡村和谐文化氛围的营造，满足人们的情感需要；二是通过科学文化知识的教育普及，满足人们的才能提升需要；三是通过社会主义核心价值观的培育弘扬，提高人们的道德素质，坚定人们的信念信仰。乡村文化振兴的内容要紧随人民精神生活共同富裕的要求，不断进行科学调整，以全面满足人民的精神生活需要。

精神生活共同富裕指明了乡村文化振兴的持续性发展方向。精神生活共同富裕是一个不断积累小胜，以实现最终胜利的渐进式发展过程。精神生活共同富裕的渐进性，内在要求乡村文化振兴要以科学的态度持续建设。乡村文化振兴过程中一定要规避急于求成的平均主义思想。以乡村文化振兴撬动乡村文化发展，不是不管人民的需求类型而盲目增加文化供给数量，更不是要在短时间内实现城乡及不同区域间文化的平均供给。推进乡村文化振兴，缩小城乡居民精神生活差距，实现全体人民精神生活共同富裕是一项具有艰巨性、复杂性、长期性的事业，要提高政治站位，澄清各种错误认识，树立正确思想观念，坚持精神生活共同富裕的方向引领，依据生产力发展规律和人的全面发展规律持续科学推进，不断满足人们的精神需要。

二、精神生活共同富裕下乡村文化振兴的困境

在实现全体人民精神生活共同富裕目标的指引下，乡村文化振兴还面临着来自乡村内外部的各类难题，具体来说，主要是优秀传统文化利用不充分、社会主义核心价值观引领不全面、乡村文化振兴的公共投入不足、广大农民的认知待提高等，这些难题构成了乡村文化振兴的现实困境。

（一）优秀传统文化的创造性利用不充分

乡村有大量优秀传统文化未得到充分挖掘、利用和转化，弱化了其对于乡村文化振兴和人民精神生活共同富裕作用的发挥。首先，挖掘利用乡村优秀传统文化的载体保护欠缺。乡村优秀传统文化的挖掘和传承离不开有效的载体，但由于保护不

到位，大量传承乡村优秀传统文化的物质载体和非物质载体被毁坏，例如，一些民族村落、特色服饰、乡村歌谣、地方方言等乡村优秀传统文化的载体逐渐流失，制约了乡村优秀传统文化的传承。其次，转化乡村优秀传统文化的氛围不足。广大农民和基层管理者还未全面认识到转化乡村优秀传统文化的价值意义，对于乡村优秀传统文化转化的关注明显不够，进而导致这方面的人财物投入欠缺，相关制度设计、政策措施建设落后，未能营造出转化乡村优秀传统文化的良好氛围。最后，创新乡村优秀传统文化的方式落后。在形式上，对于乡村优秀传统文化的发展还主要停留在保护层面，且在保护内容上未有效做到“形神兼备”。在内容上，很多地方不能有效推动乡村优秀传统文化与现代新理念、新技术、新领域等实现跨界有机融合，导致乡村优秀传统文化的发展缺乏丰富性和精品内容。

（二）社会主义核心价值观的价值引领还需加强

社会主义核心价值观融入乡村文化振兴不全面、不充分，阻碍了乡村文化振兴促进人民精神生活共同富裕的价值实现。一方面，社会主义核心价值观融入乡村文化振兴的引领力待提升。社会主义核心价值观的具体凝练仅 24 个字，要想使人们在乡村文化生产和供给的全过程自觉坚持社会主义核心价值观的引领，需要以科学的宣传让人们吃透弄懂社会主义核心价值观的核心要义。但当前广大农村地区宣传阐释社会主义核心价值观的方式还较为抽象，对于结合农村实际和农民需要的力度不够，同时，新媒体、互联网等现代科技在提升社会主义核心价值观融入乡村文化振兴的引领力上未能发挥应有价值。另一方面，社会主义核心价值观融入乡村文化振兴的环境待改善。由于城乡发展差距依然存在，乡村大量较高素质的年轻劳动力外流，乡村常住人口老龄化水平高、受教育程度低，理解、融合社会主义核心价值观的能力较弱。现代新媒体在便利文化、信息传播的同时，也使各类落后腐朽文化有机会在乡村快速传播，消极的文化氛围阻碍了社会主义核心价值观融入乡村文化振兴，弱化了社会主义核心价值观的价值引领作用。

（三）乡村文化和精神文明建设的公共投入不足

乡村文化和精神文明建设的公共投入不足是限制乡村文化振兴，制约人民精神生活共同富裕的重要因素。乡村文化振兴需要不断加大公共投入，以建设更好的基础设施，营造更好的发展环境。乡村文化振兴的公共投入不足，致使城乡居民精神生活发展差距缩小的进度缓慢。乡村文化振兴的公共投入不足，体现在以下 3 个方面。

一是基础设施建设欠缺。在数量上，乡村文化振兴的基础设施不足，与城市人均水平差距较大，在质量上，乡村文化振兴的基础设施使用感受、维护水平有待提高。

二是人才投入不足。专门组织乡村文化振兴的地方管理人员投入不够，同时，主动参与乡村文化振兴的社会人才不足。

三是政策措施制定不完善。由于人员和精力投入不充分，乡村文化振兴的各项机制、措施还不够科学。例如，引入社会资本推动乡村文化市场化建设的政策效力还有待提升。

（四）广大农民对相关建设的主体认知有待提高

广大农民对乡村文化振兴和精神生活共同富裕的整体认识还不全面、不科学，削弱了农民在乡村文化振兴中主体作用的发挥，滞缓了全体人民精神生活共同富裕的实现。农民综合素质相对较低，制约了自身科学认知的形成。

一方面，广大农民不能准确把握其在乡村文化振兴和农民农村共同富裕中的主体地位。很多农民没有认识到乡村文化振兴必须重点依靠广大农民的共同努力才能实现，还秉持着公共建设完全是政府的事的错误认识，在自身物质文化发展上甚至

还存在着“等靠要”的不良习气。

另一方面，广大农民还未充分认识乡村文化振兴和精神生活共同富裕的重要价值、科学内涵，还不能科学把握“乡村振兴”与“乡村文化振兴”、“乡村文化振兴”与“人民精神生活共同富裕”之间的内在关系，在乡村文化振兴过程中不知如何科学有效地发力，因此，难以发挥应有的主体价值。

三、精神生活共同富裕下乡村文化振兴的路径选择

乡村文化振兴需要始终不渝地锚定人民精神生活共同富裕的目标，从强化根本政治保障、激发传统文化活力、强化社会主义核心价值观引领、加强公共文化建设投入、提升农民认知等层面持续发力、久久为功。

（一）党建赋能

筑牢乡村文化和精神文明建设的政治保障做好“三农”工作，促进乡村文化振兴，实现人民精神生活共同富裕，关键在党，根本在党。中国共产党是人民群众的“主心骨”。促进乡村文化振兴，满足人们的精神生活发展需要，必须搞好基层党组织建设，充分发挥基层党组织的战斗堡垒作用。基层党组织要持续提升组织建设水平，提升党员发展水准，科学识别和吸纳优秀人才，特别是把那些在乡村文化振兴中能发挥带领作用的人才吸纳进党组织，为其发挥更大作用提供广阔平台和有力支持，从而在乡村文化振兴与组织振兴的有机统一中全面满足人们的精神需要。基层党组织要坚决贯彻落实党中央关于乡村文化振兴的各项安排部署，并结合地方实际，有重点、有针对性地制定各项具体措施，确保党发展人民精神文化生活的好政策能够在基层实践中不走形、不变样。同时，基层党组织要切实组织好乡村“五大振兴”互促发展，既要不断提升广大农民的物质生活水平，也要抓好农民的精神文化建设，促进农

民精神生活共同富裕。广大基层党员干部在乡村文化振兴中要勇做表率，发挥好模范带头作用，带领广大农民增强学习意识，提升科学素养，主动抵制文化糟粕和腐朽思想，鼓励大家通过共同奋斗共建美好家园，共享幸福人生。

(二) 创新发展

激发中华优秀传统文化迸发更大活力。弘扬乡村优秀传统文化是乡村文化振兴的必然要求，是实现人民精神生活共同富裕多样化文化供给的必然选择。首先，做好乡村优秀传统文化的传承和保护。强化制度设计，完善乡村物质文化遗产和非物质文化遗产保护名录，切实保护好乡村优秀传统文化的载体平台。同时，对于乡村优秀传统文化的传承，要尤为注重深层次精神内涵的挖掘和提取，例如，传承好“讲仁爱”“天人合一”等促进人与人、人与自然和谐共生的思想精华。其次，营造更加科学有序的乡村优秀传统文化创新氛围。制定更加规范的政策法规和体制机制，促进广大农民和非农人员共同参与乡村优秀传统文化的创新发展。依托高等院校、科研院所，积极成立研究发展乡村优秀传统文化的科研组织，从乡村优秀传统文化的多样内涵、研究视角、表达样式等多维度进行创新。推动乡村文化创新发展的市场化建设，加速乡村特色文化产业发展，为乡村文化创新发展增添更大动能。最后，运用现代科技激发乡村优秀传统文化的发展活力，不断提升乡村优秀传统文化的传播力、表现力和感染力。找准现代科技推动乡村优秀传统文化发展的着力点，充分运用互联网技术、5G 技术、虚拟现实技术，以及各类新媒体平台，推动乡村优秀传统文化的展现方式、丰富内容、传播形式不断实现新发展，使其更接地气、更符合新时代人民精神生活发展需要。

(三) 强化引领

社会主义核心价值观融入乡村文化建设全过程。社会主义

核心价值观决定着乡村文化的性质。推动社会主义核心价值观全面融入乡村文化振兴，增强社会主义核心价值观的引领力，能够切实提高乡村文化振兴的质量和效率，强化对人民精神需要的满足。习近平总书记强调，“坚持以社会主义核心价值观引领文化建设”。

一方面，进一步增强社会主义核心价值观在乡村传播的亲和力、感染力。从整体上化抽象为具体，把精炼的社会主义核心价值观形象化，例如，通过电影展播、画报绘制、人物宣讲等多种呈现方式，使社会主义核心价值观的宣传更具直观性、感染力。同时，充分调查研究，把握好不同年龄、不同区域、不同工种农民的理解接受特点，采取有针对性的宣传阐释方式，使社会主义核心价值观真正充盈农民生活。

另一方面，以社会主义核心价值观贯穿乡村文化生产供给全过程。在乡村文化生产环节，科学对接社会主义核心价值观在个人、社会、国家层面的具体要求，剔除传统文化糟粕，打击腐朽落后思想，发展人民大众喜闻乐见的社会主义先进文化。在乡村文化供给层面，充分保证乡村文化振兴内部的平衡性、协调性，保证全体农民都能深入享受优秀文化成果，切实提升乡村精神文明建设水平，同时，不断扩大乡村优秀文化的辐射范围，满足城乡全体人民的多样化精神文化需要。

（四）重点投入

进一步加强乡村公共文化建设的综合投入。不断加强乡村公共文化建设的综合投入，是稳固乡村文化振兴基础的重要力量。以重点投入加快乡村公共文化建设，能够有力推动城乡公共文化均等化发展，促进城乡人民精神生活差距持续缩小。首先，建立更加完善的乡村公共文化建设机制。乡村公共文化建设综合投入的增加，需要地方多部门共同协作，因此，要建立多部门有机联动的办事机制，使有关乡村公共文化建设的事项责权更明确、推进更有力。同时，建立更规范化的乡村公共文化建设市场参与机制，为社会资本、非农人才助力乡村公共文化发展提供广阔平台。其次，加大乡村公共文化事业发展的财政投入。乡村公共文化事业发展需要依靠政府重点投入，政府部门要加快城乡公共文化均等化推进步伐，逐步增加乡村公共文化建设的财政资金，减小城乡间公共文化建设的财政投入差距，设立专项资金，确保计划用于乡村公共文化建设的资金都能落实到位。最后，加大乡村公共文化事业发展的人才投入。乡村文化建设有其自身的独特性，因此，要投入足够的专业人才参与其中。地方政府内部要做出更加科学的人才调配，确保每个乡村都有擅长文化建设的管理人员负责，同时，地方政府要着力改善乡村发展环境，为乡村振兴人才提供更好的待遇，吸引社会上更多的优秀人才参与乡村文化建设，推动乡村公共文化事业不断发展。

（五）主体发力

不断提升广大农民的综合素养和科学认知。农民是乡村振兴和乡村共同富裕的主体，只有不断提升广大农民的综合素养和科学认知，才能使其在乡村文化振兴中有效发挥作用。习近平总书记强调，做好“三农”工作，要“全面提升农民素质素养，育好用好乡土人才”。

一是持续组织好乡村普通教育。进一步推动乡村义务教育发展，提高村办小学、乡镇中学的办学质量，保障农村青年儿童都能顺利完成义务教育，推动更多乡村学生接受高等教育。从近处看，以乡村学生为中介，推动广大农民重视学习科学文化知识，从长远看，不断在高质量教育普及中整体提升全体人民综合素养。

二是大力发展农民职业教育。职业教育是当前提高农民综合素质和技能本领的重要手段。要集中更多的人、财、物资

源，依托农业院校、乡村振兴研究机构，推动建立更多高质量的农民职业教育基地，在职业教育中既要重视农民致富本领的提升，更要把党的先进思想、优秀传统文化、时代文化融入其中，全面提升农民的综合素养。

三是组织好乡村文化振兴的宣传推广。以有力的宣传帮助农民把握“乡村文化振兴”“精神生活共同富裕”的重要意义、主要内容和实现途径。邀请专家围绕乡村文化振兴，对农民开展持续、全面的教育培训，同时，运用广播、电视开展科学的循环宣传，特别是利用好抖音、微信等新媒体平台进行跨时空的宣传教育，从而真正提升农民综合素养，强力推进乡村文化振兴，持续促进人民精神生活共同富裕。

农业农村现代化是中国式现代化的必然要求，乡村文化振兴和农民精神生活共同富裕是农业农村现代化的重要方面。在中国式现代化新征程中，乡村文化振兴面临着许多复杂挑战，要始终坚持好人民精神生活共同富裕的目标引领，从强化根本政治保障、激发传统文化活力、强化社会主义核心价值观引领、加强公共文化建设投入、提升农民认知等层面，协同发力、久久为功，既要有重点地不断丰富农民精神生活，又要使乡村文化振兴成果惠及全体人民，助力全体人民精神生活共同富裕。

第三节 乡村振兴战略下农村精神文明建设

近年来，在乡村振兴战略下，我国大力推进农村精神文明建设，全方位提升农民的思想道德素质，强化文化基础设施建设，农村文化生活再上新台阶，农民精神风貌焕然一新。在全面建成小康社会这一新生活、新奋斗的起点，我们拥有了实现新的更高目标的雄厚物质基础，正在续写全面建设社会主义现代化强国新征程，这要求我们更加注重农村精神文明建设工作，时刻保持高昂的热情和坚定的意志，克服新困难、新挑战，让农村精神文明建设在乡村振兴战略中发挥基础性奠基作用，高质量完成农村精神文明建设课题。

一、农村精神文明建设的重大意义

（一）全面推进乡村振兴战略的内在要求

对新时代激发乡村振兴内生动力提出了明确要求，明确了“产业兴旺、生态宜居、乡风文明、治理有效、生活富裕”的乡村振兴战略总要求，乡村振兴是包含文化振兴的全面振兴。新时代，习近平总书记高度重视社会主义精神文明建设工作，多次在讲话中强调社会主义精神文明建设的重要性，尤其要重视农村思想道德建设，要做好推动良好乡风民风村风形成工作。实施乡村振兴战略，主阵地就在农村，发力点也在农村。在全力发展经济的同时，绝不能忽视农民的精神文化需求。

（二）满足人民对美好生活需要的时代诉求

当前，我国社会主要矛盾已转化为人民日益增长的美好生活需要和不平衡不充分的发展之间的矛盾。解决好农民在发展中的矛盾事关国家发展大计，在全国农村经济发展态势向好的形势下，农村精神文明建设方面收效不足，一些地区忽视文化事业发展，文化建设进展缓慢，现实生活中农民的物质世界同精神世界建设矛盾突出。因此，现阶段解决我国社会主要矛盾的先手棋之一应是有效开展农村精神文明建设工作。党和国家高度重视农村精神文明建设，制定政策法规，乡村振兴战略也对农村精神文明建设提出新要求，中央一号文件多次对农村精神文明建设工作进行专题部署，以及出台的《中国共产党农村工作条例》《中华人民共和国乡村振兴促进法》等法律规章制度都对农村精神文明建设提出了明确要求。由此可见，农村

精神文明建设始终是党中央重点部署、强力推进的重点工作。现阶段，只讲物质生活需要显然不能真实反映农民群众的愿望和要求，加强农村精神文明建设，整体提升农民群体的思想道德境界，激发农民爱祖国、爱党、爱社会主义的情感，增强文化自信，鼓舞其重视自我道德建设，丰富自我精神世界，升华价值追求。因此，坚持把乡村文化发展和农民思想道德素质提升作为着力点，聚焦农民群众美好生活需要，因地制宜、因势利导、守正创新，是解决现阶段主要矛盾的关键所在。

（三）全面建设社会主义现代化国家的必然要求

党的二十大报告提出“中国式现代化是物质文明和精神文明相协调的现代化。物质富足、精神富有是社会主义现代化的根本要求。”加强农村精神文明建设，有助于全面构建社会主义现代化国家。我国作为农业大国，农村基数较大，农村人口占全国总人口的绝大多数，因此，农业、农村、农民问题历来是我们党执政建设的重要所在，深刻影响着中国特色社会主义现代化建设进程。在全面建设社会主义现代化国家新征程中，必须清醒地认识到最繁难、最艰巨的任务还是在农村。建设新经济发展格局，国家战略重点在扩大内需，要敏锐抓住农村广阔的发展空间，农村人口多，需求市场广阔，扎实推进乡村产业、人才、文化、生态和组织的振兴，加强农村城镇互通交融，实现城镇乡村间的良性大循环，形成畅通城乡经济循环的新局面，充分挖掘国内循环的潜力，加速农业经济文化和社会治理体系发展，培育全面发展的新农人，建设全面振兴的新农村。新形势下，在农村开展社会主义核心价值观宣传教育，开展听党话、感党恩、跟党走宣传教育，严抓农村精神文明建设工作，对于育新风、开民智、聚民心等发挥出重要作用。加强农村精神文明建设，能够有效提升农民群体的国家情怀、爱党爱国情感，以及崇尚品德、热爱生活的道德境界，真正做到乡村精神文化生活丰富多彩，村风民风淳朴向上，农村整体发展态势向好，农村精神文明建设工作做细做实，做出成效，助力社会主义现代化国家建设。

二、农村精神文明建设的实施路径

推进农村精神文明建设，促进乡村振兴，要坚持守正创新思维，从实际出发，因地制宜，凝聚人心，汇聚多方力量，加强政策支持和机制保障，提升农村基层干部工作热情，激发农民群体的自信心和创造力，促进农村精神文明建设工作更上新台阶，取得新进展，有效推动乡村振兴战略的实施。

（一）农民主体与基层党组织主导作用的有效发挥

“乡村问题的解决，天然要靠乡村人为主力”。要充分发挥农民主体作用，激发农民积极性，提高农民的参与意识，高度重视农民群体物质文明和精神文明相协调发展。

精神文明建设要从帮助农民解决现实问题出发，要同农民群体关心的经济利益相结合。不同地区根据实际农耕情况适时开展农学教育，组建学习班，鼓励动员乡镇村常驻务农人员参加学习班，用最新的农学思想武装农民头脑，学习使用最先进的农业工具，提升农民农耕技能，增加农民经济效益，在解决“富口袋”的基础上，积极引导农民群体把更多精力转移到精神文明建设上，提升精神文化追求，激发农民建设精神文明的内生动力。鼓励和支持农民自发开展健康有趣的文体活动，村镇政府给予资金支持，鼓励全村全员参与，协助活动的有效开展，引导农民清楚自身在建设农村精神文明中主人公地位，让农民自发自觉参与精神文明建设，争做新时代新农人，这无疑为农村精神文明建设提供坚实的基础保障。

强化基层干部教育，提升思想引领力。农村基层党组织是党中央“三农”政策的执行者和落实者，更是引领农民思想

文化进步的先锋队。基层领导干部需要不断加强理论学习，积极克服消极懈怠、脱离群众的危险，始终坚持群众观点和群众路线，要严格贯彻经济发展和精神文明建设“两手抓，两手都要硬”的方针。

一方面，要加强对农村不良风气的“严打”和“整肃”，采取有力措施，严厉打击各类不良风气，促进移风易俗工作深入发展。

另一方面，要改变落后的指导思想，基层干部要把精神文明建设的软任务做实做硬，保持思想和行动的一致性，做精神文明建设的排头兵、领头雁，争做先锋模范，发挥榜样示范作用，以社会主义核心价值观引领群众，以社会主义先进文化教育群众，激发群众建设主动性，凝聚农村精神文明建设共同体意识，重视生活中精神文明教育资源的开发。

（二）留住本地人才，吸引外来人才

留住农村本地人才，是提升农村精神文明建设的重要举措之一，本地人才对家乡建设具有较强的情怀。各级领导干部要紧密联系，根据实地调研结果开展招商引资活动，充分预留出广阔的发展空间，积极动员在外务工人员回家乡创业，营造良好就业氛围，给农民创造在家门口让腰包鼓起来的有利条件，提升农民群体工作积极性和主动性，引导农民追求更高层次的精神需求，为农村精神文明建设塑型。要高度重视模范引领作用，发展和培育当地文化带头人，采取激励政策，让其始终拥有积极的工作热情，参与农村精神文明建设，鼓励支持特色文化活动的创办，给民间手艺人提供展示平台，实现文化的创新性发展。同时，充分发挥先进典型模范的激励、引导作用，从整体上营造良好的社会氛围，使精神文明入“脑”入“心”，营造争当文明、积极向上的文化氛围。

如何有效吸引优秀人才进驻农村谋发展，是实现乡村振

兴，提升农村精神文明建设成效的另一重要举措。要打破人才流通壁垒，打通技术、智力和治理人才下乡通道，打造城乡、区域、校地之间人才流通平台，为农村人才引进问题提供新路径。

一方面，制定对口援建政策，鼓励高等院校和科研院所及高技能人才定期服务援建乡村，注重在农村网络精神文明建设中，充分发挥网络专家的引导作用，健全农村人力资源开发体制，发挥科技人才队伍的支撑功能，强化农村网络文化和精神文明建设。

另一方面，充分发挥地区特色优势，地方村镇政府扎实做好宣传招商工作，吸引成功企业家和各界优秀人才下乡投资兴业，发展农村经济，加强交流最新的、健康的精神文明思想，提升农民群众更高水平的精神价值追求，建设新时代美丽、和谐、文明的新农村，以农村精神文明建设为乡村振兴注入活力。

（三）强化政策保障和体制机制创新

国家大政方针政策的实施是农村精神文明建设取得成效的重要保障。在国家政策的向导下，以共同富裕路线图为依据，将乡村振兴与农村精神文明建设有机结合，从人力、财力、物力等方面全面推进农村精神文明建设。各级政府部门要在国家政策导向和保障机制支持下，让农村发展能够吸引人才、留住人才，助力乡村振兴。

一方面，农村精神文明建设是一项公益惠民工程，因此，各级地方财政统筹计划是农村精神文明建设取得成效的另一重要保障，在财政资金划出专项用于农村精神文明建设的基础上，地方政府要深入挖掘多渠道筹集资金，创新融资方式，引进民间资本，提高对文化发展的资金支撑，尤其侧重相对贫困地区发展，在经费上倾斜支持。

另一方面，发展资金的利用应坚持灵活、有实效原则，要对农村现有文化资源合理开发利用，构建农村精神文明建设的长效机制，促进农村精神文明建设的内涵式发展。

健全完善农村基层党组织工作考核机制。在乡镇，要落实好精神文明建设领导小组、各成员单位的职责，健全管理机制，完善保障措施。

一方面，在基层党组织机构，要成立专门的精神文明工作小组，管理标准化，将精神文明建设任务分解到具体人，权责分明，实行责任制。

另一方面，要建立行之有效的监督评价体系，压实乡镇各级纪委的监管职责，改进和创新评价手段，坚持系统性思维，在考核方式上要改革旧有标准，不断丰富完善考核机制，把社会政治经济发展、精神文明建设等内容纳入政绩考核范畴，进行综合全面性评价，把精神文明建设的“软任务”变成“硬约束”。建议健全激励机制，评优奖优，把促进农村精神文明建设、推进乡村振兴视作为任用干部的重要参考凭据，鼓励优秀的基层党组织成员当好排头兵、领头雁，在建设农村精神文明中发挥积极作用，推动乡村振兴战略的实施。

第四节　“三农”视频中农耕文化对乡村文化振兴的影响

一、“三农”视频中农耕文化对乡村振兴的影响

（一）深入挖掘农耕文化的价值

通过研究“三农”视频中的农耕文化，可深入挖掘农耕文化的价值，有助于更好地传承和发扬农耕文化，为乡村可持续发展提供动力。应该重视农耕文化的传承和发展，将其与现代科技相结合，为农业生产、乡村建设提供更加科学、可持续

的方法和思路。同时，也应该加强对农耕文化的宣传和教育力度，让更多的人了解和认识农耕文化的价值。

（二）丰富“三农”视频的内容和形式

随着科技的发展，互联网已经成为人们获取信息的主要渠道。在众多视频内容中，“三农”视频以其独特的魅力和吸引力，逐渐成为人们关注的焦点。

研究“三农”视频的制作和传播，可以丰富其内容和形式，提高其吸引力，这有助于扩大“三农”视频的影响力，让更多人了解和关注乡村生活及农业生产。

（三）为乡村振兴提供文化支持

随着科技的进步和互联网的普及，“三农”视频作为一种新型的文化传播形式，正在为乡村振兴注入新的活力。通过研究和传播农耕文化，可以为乡村振兴提供有力的文化支持，这有助于提升乡村的软实力，促进乡村经济发展，实现乡村社会的全面振兴。

（四）提高公众对农耕文化的认识和关注度

随着互联网的普及，“三农”视频逐渐成为传播乡村文化、促进乡村振兴的重要渠道。其中，农业文化作为乡村文化的重要组成部分，对乡村振兴具有重大影响。研究“三农”视频中的农耕文化，可以提高公众对农耕文化的认识和关注度。这有助于保护和传承优秀的农耕文化遗产，促进乡村文化的繁荣发展。

二、“三农”视频的作用和价值

（一）“三农”视频的作用

随着互联网的普及和信息技术的快速发展，视频已经成为人们获取信息、娱乐休闲的重要方式之一。

在乡村振兴战略下，“三农”视频的作用和价值更加凸显，为农村经济发展、文化传承和农民生活改善注入了新的活力，也为走近农村、了解农民、从农业获取资源提供了便利。“三农”视频为服务乡村振兴战略提供借鉴，国家为响应乡村振兴战略，拍摄的《扶贫周记》《脱贫大决战》等电视节目，丰富了“三农”视频的内容。“三农”视频是了解国内农村生活的窗口，也是拓展农村市场和需求渠道的窗口。分析“三农”视频在农村的传播价值，可以指导乡村振兴战略。

（二）“三农”视频的价值

“三农”视频通过展示农村的美丽风光、特色农产品、手工艺品等，吸引了更多人的关注和了解，为农村经济发展带来了新的机遇。短视频中所展现的农村美景，甚至一些偏远地区，通过短视频的宣传推广，很多成为网红打卡地，农村的优质产品得以走出大山，走向全国乃至全世界，进一步拓展了销售市场，提高了农民收入，推动了农村旅游业的发展，促进了基础设施的建设，加速了旅游产业的形成。还有一些通过电子微商开始销售农产品，进一步推动农村经济发展。

“三农”视频不仅展示了农村的物质文化，还通过记录乡村生活、民俗风情、传统技艺等，传承了乡村文化。这些短视频让更多的人了解和认识乡村文化，增强了乡村文化的自信和认同感，为乡村文化的传承和发展提供了新的途径。“三农”视频的兴起，为农民提供了一个展示自我、分享生活的平台。农民可以通过短视频展示自己的才艺、分享生活点滴，增加与外界的交流和互动，提高生活品质。同时，短视频也为农民提供了更多的就业机会和增收渠道，进一步改善了农民的生活条件。

“三农”视频是乡村振兴战略实施的重要手段之一。通过短视频的宣传推广，可吸引更多的人才、资金、技术等资源向

农村流动，推动农村产业升级、生态宜居、乡风文明、治理有效、生活富裕的实现，助力乡村振兴战略的实施。目前，乡村振兴战略的一个关键目标是加强中国农村电网基础设施建设。短视频的好处还可以扭转中国农村电网基础设施的建设，并继续实施乡村振兴战略。除此之外，“三农”短视频的传播，也有助于提升国家形象和文化软实力。通过展示中国农村的美丽风光、特色文化和传统技艺等，可以增强国际社会对中国文化的认知和认同，提高中国的国际影响力和竞争力。

（三）“三农”视频有力地传播了农耕文化

“三农”自媒体短视频作为一种新兴的传播方式，通过短小精悍的形式，以真实、生动、有趣的方式记录乡村生活的点滴，展现了农耕文化的深厚底蕴。通过镜头记录下农民们的辛勤劳动，展现乡村风光的美丽，让更多人了解和欣赏乡村文化，也将乡村农耕文化的内容传递给观众。这种形式更符合现代人的阅读习惯，能够迅速吸引观众的注意力，增强信息的传播效果。

自媒体短视频还具有互动性和分享性，观众可以通过评论、点赞和分享等方式参与互动，进一步扩大了乡村农耕文化的传播范围。观众可以将自媒体短视频分享给其他人，将乡村农耕文化传播给更广泛的群体。

农耕文化是中国传统文化的重要组成部分，涵盖了丰富的农业知识、农村生活方式、传统农耕技艺和农民的价值观念等。随着数字技术的发展，“三农”视频在乡村农耕文化的传播中扮演了越来越重要的角色，这些短视频不仅展示了乡村生活的美丽和农耕文化的独特魅力，还为乡村经济和文化发展注入了新的活力，通过“三农”自媒体短视频的传播，农耕文化得以展示和传承。

对于乡村农耕文化的传播研究，可以帮助人们了解自媒体

短视频在传承和弘扬传统文化方面的作用。

通过研究自媒体短视频的传播策略、内容特点和观众反馈等，可以揭示自媒体短视频对乡村农耕文化传播的影响与效果。这有助于指导农村文化传承的工作，进一步挖掘和发展乡村农耕文化资源，促进农村文化的创新与发展。此外，传播研究还可以为保护和传承乡村文化遗产提供借鉴和启示。通过深入研究乡村农耕文化的传播过程和机制，可以制定相关政策和措施，保护和传承乡村农耕文化的独特价值。这将有助于促进乡村地区的可持续发展，推动农村经济的繁荣和乡村社会的进步。

总之，"三农"短视频在乡村振兴战略下发挥着重要的作用和价值，不仅可以促进农村经济发展、传承乡村文化、改善农民生活，还可以推动城乡融合发展、助力乡村振兴战略实施、提升国家形象和文化软实力。

因此，应该加大对"三农"短视频的创作和传播力度，让更多的人了解和关注农村的发展及变化，为乡村振兴战略的实施贡献力量。

三、提升"三农"短视频传播的策略

"三农"短视频的快速发展，唤醒了大众对乡村文化的兴趣，为新时代乡村文化的活力贡献了力量。然而，这次潮流背后的问题是不能忽视的，影响"三农"短视频在农村地区传播的因素有内容质量的差异性、讲故事的同质化方式、故意制造的"模仿"场景、视频内容不佳、资本干预等。"三农"短视频要担负起传播乡村形象、讲好新战役故事的重要责任，任重而道远。

（一）提高农民群体的媒介素养，鼓励优质内容

政府和社会各界专家要积极引导和科学扶持发展，积极鼓

励农民成为"三农"短视频的创作者；每个领域的专家都可以为短视频创作者提供培训和当地文化教育，以提高媒体和个人素养及视频内容的质量保证和连续制作方面的专业知识。同时，短视频平台需要不断提升验证能力，完善对优质内容的激励机制。例如，抖音短视频的"新农人计划"为优质内容创作者提供亿级流量资产支持、定制化运营培训、商业变现工具使用指导。

（二）植根乡村优秀文化，生动传播乡村图景

短视频的关键是"农业"，短视频的创作者必须向观众展示一张基于"三农"的农村原始照片。依靠5G技术、农产品、农业收割、农村粮食生产等过程在不同时间进行高清直播，减少了剪辑技术的过度干扰，呈现了原汁原味农村生活的生态状况。中国社会是"乡土性"的，是在"土壤"的基础上发展起来的。它植根于乡村的文化形态，在农村的建设和发展中发挥着重要作用。"三农"短视频是现代社会对乡村传播的通俗表述，要根植于乡村文化，带动其敬老爱幼、睦邻友好、勤劳朴实的美好品格，精彩地传播新时代之美，增强自信心，展现乡村文化认同的乡村景观。

（三）发挥作为知识的媒介功用，缩小城乡认知差距

社交媒体平台是"三农"短视频传播的重要渠道。

在传播过程中，可以利用多个社交媒体平台进行推广，如微博、抖音、快手等。同时，也可以通过合作一些知名的博主或网红进行推广，来提高视频的曝光率和关注度。短视频作为一种媒介，具有传播知识的功能，抖音平台上的"三农"短视频主要以分享生活为主，内容主要介绍农业生产技术，传播的农村知识相对较少。

随着互联网技术的普及，乡村逐渐向"数字乡村"转变，

使用短视频平台的农民数量也在逐渐增加。短视频作为知识转移的手段，在农村地区推广农村技术和社会知识，发挥着重要作用，应有针对性满足农户对相关知识的需求，有效提高农业生产力和生产效率。从弥合城乡数字鸿沟、缩小认知差距的实际需要出发，利用短视频技术传播农村知识，普及乡村文明，可以搭建城乡人口之间的有效桥梁，促进城乡间的信息流动及知识共享和整合的传播，促进知识传播走向共享和融合。

第五节　乡风文明建设

乡风文明建设是实现乡村振兴的重要灵魂和保障。

一、乡风文明的基本内涵

随着人们对建设文明乡风的关注度越来越高，与乡风及乡风文明有关的学术成果也越来越多，学者们对乡风和乡风文明的内涵有各自理解。有学者认为，从社会学角度看，乡风是由自然条件的不同或社会文化的差异而造成的特定乡村社区内人们共同遵守的行为模式或规范，是特定乡村社区内人们的观念、爱好、礼节、风俗、习惯、传统和行为方式等的总和，其在一定时期和一定范围内被人们仿效、传播并流行。乡风文明是一个自然的、历史的演进过程，体现的是一种健康向上的精神风貌。也有学者认为，乡风就是乡土风俗，主要指人们在乡村物质生活和精神生活过程中形成的风尚和习俗或是价值观念、生活方式、风土人情等。乡风文明的核心要义或本质就是农村精神文明，内容涉及了文化、法制、风俗、社会治安等多个方面。不同学者解读的角度不同，对内涵的理解也各不相同。

乡风可以理解为农村的风俗、风气、风貌，是农村文化、习俗、道德等的集中体现，其反映了农村整体精神风貌；文明表现为社会发展进步的状态。乡风文明内涵主要包括村民整体道德素养较高、坚持正确的价值观念和信仰、农村优秀文化繁荣发展、社会习俗不断革新等方面。乡风文明建设就是有目的、有组织、有计划地为建设文明乡风采取一系列具体措施；主要是在农村经济发展、现代化水平提高、基础设施完善、人居环境优美等基础上，尊重农村原有的优良乡风，充分发挥基层党组织、政府、村民等的作用，挖掘并传承当地优秀文化，摒弃农村陈规陋习，提高村民道德素养，从而展现农村良好精神风貌。

二、新时代乡风文明的特征

乡风文明是农村社会特有的、历史悠久的文明形态，新时代乡风文明建设是一项复杂艰巨又长期的重要工程。深入探索并全面把握乡风文明的重要特征，能够更深刻地认识文明乡风，提高建设文明乡风的成效。

（一）层次性和整体性的统一

乡风文明是一个多层次的复杂整体，建设文明乡风更是涉及农村经济、政治、文化、教育、风俗等各方面工作。从不同层面能够更直观准确地把握乡风文明的内容，更清晰完整地认识乡风文明，如从乡风文明呈现形态角度，可以分为物质层面、精神层面和制度层面。

物质层面是指乡风文明通常表现在农村公共设施、村容村貌、教学设施、墙报彩绘、宣传标语等看得见摸得着的客观物质上，这些是最能直观具体地表现文明乡风的方面，只要走进乡村，就能通过它们真实感受当地乡风。所以，客观物质是文明乡风的重要呈现载体。精神层面指农村广大农民群众的精神风尚、思想道德、价值观念等，这些是文明乡风最核心的表现，精神层面影响和制约着乡风文明发展的物质与制度层面。

制度层面是指农村的制度规章，其包含约定俗成的和明文规定的两个方面，如农村习俗属于约定俗成的方面、村规民约属于明文规定的方面。这些规章、制度和标准具有鲜明的乡村特色，规范村民的言语行为，是文明乡风的重要载体，为实现乡风文明提供制度保障，在文明乡风建设中发挥着重要作用。

乡风文明的层次性反映了不同的层次结构和多维向度。既要全面理解并重视乡风文明的层次性，还要注重乡风文明是物质、制度和精神等层面协调统一的有机整体。因此，在建设文明乡风过程中，既要把握乡风文明的层次性，协调物质、精神、制度等各方面的内容，避免出现急于求成、有头无绪等情况；又要注重乡风文明的整体性，充分考虑各层次相互之间的制约、协调关系，坚持整体规划和统筹推进，以免出现轻视、遗漏、忽视、缺失某部分等厚此薄彼、失之偏颇的现象，使各层次有机统一、和谐发展，扎实有效地推进乡风文明建设。

（二）乡土性和现代性的统一

乡风是在特定的乡土基础上形成与发展，集中表现为特定的村落文化，并有着深深的乡土烙印。反之，离开乡土条件与环境，乡风便难以建设、维系和发展。不同地区的文明乡风反映不同的民族特征、地域特色与风格。我国幅员辽阔，各农村地区的习俗、传统、条件与状况大有不同。保持乡风文明的乡土性对建设文明乡风尤为重要。近年来，各地的具体实践充分证明，只有从当地环境、习俗、风尚出发，才能更科学、合理、高效地深挖各地宝贵资源，更准确地发挥各地人文地理优势，最大程度地调动广大农民群众的热情，激发广大农民群众的创造性和主动性，只有真正承认差异、尊重差异，才能更鲜明地彰显各地文明乡风的特色，彰显社会主义新农村文明乡风的魅力、多彩与活力。因此，在建设文明乡风过程中，要坚持乡风文明的乡土性，保留当地优良的民族传统与淳朴的乡土气息，从各地乡土特色出发，坚持多样化的发展方式，在特定乡土环境中培育、传承、积淀和发展各地文明乡风，让各地文明乡风异彩纷呈。

文明乡风既反映优良的乡土传统，又体现时代的发展要求。想要真正理解新时代文明乡风，就要准确把握乡风文明的乡土性和现代性，在乡风文明建设中因地制宜地体现乡土特色与风格，因时而变地体现新时代的发展要求，这既遵循了乡风文明的内在规律，又满足了广大农民群众的期盼，是建设文明乡风的明智选择。在建设文明乡风过程中，一方面要杜绝一切强制性方式，避免通过任何形式搞“一刀切”，防止一个模板、一种套路，真正考虑各地资源、环境和条件的独特性与差异性，结合各地具体实际，凸显当地乡土特色；另一方面要以社会主义核心价值观和新农村建设总目标为指引，以乡风文明的现代性要求为导向，精准、灵活地把握新时代文明乡风建设的方向，坚持以人为本，充分尊重当地农民群众需求与意愿，鼓励大家积极参与，让新时代乡风文明之花开遍祖国各地。

（三）继承性和发展性的统一

乡风文明不是僵化的固定不变的，而是在继承中不断发展完善的。继承是发展的基础，发展是继承的必然要求。乡风文明的内容集中反映特定历史阶段农村的历史文化和社会习俗等方面。继承性是乡风文明的重要特征之一，乡风文明的继承性以乡风的历史内容为重要基础，对农村的历史传统、文化风俗等既不全盘肯定、全盘继承，又不全盘否定、全盘摒弃，而是取其精华，去其糟粕，自觉舍弃其中的落后成分，有选择地继承农村优秀文化、习俗。沿用以往乡风文明发展的重要成果和进步做法，对以往的优良内容进行传承并深刻钻研，将其与当前时代的具体实际相结合，以正确态度对待农村当地的历史文化、传统习俗等，在继承的基础上不断突破、不断创新，从而

能够充分展现中华民族传统风俗、习惯、文化等的宝贵精髓，大力弘扬民族精神，以正确方向为指引更好地建设社会主义新农村的文明乡风。

乡风文明与时俱进，在实践中不断积淀丰富、发展完善。发展阶段不同，乡风文明的内容要求也会有所不同。时代不断发展，为乡风文明源源不断地注入新鲜气息。进入新时代，建设文明乡风要充分考虑乡风文明的继承性和发展性，一方面，要总结并批判性地继承传统文化、历史习俗等，不断从中提炼新内容，坚持辩证分析、古为今用，防止出现任何教条和冒进行为；借鉴各地乡风文明建设的进步经验，学习先进理念和优秀成果，为我所用，避免出现任何保守和自满行为。另一方面，要始终坚持以开放的态度和发展的眼光对待乡风文明，应随发展阶段变化而不断制定新目标、提出新要求、完善新内容，充分考虑所处时代的具体实际和发展需求，与时俱进地完善和调整发展方案，以此推进各地乡风文明不断进步，实现大跨越、迈上新台阶、到达新境界，让社会主义乡风文明跟随时代创新发展。

三、乡风文明对乡村振兴的重要价值

乡风文明建设是中国共产党扎实有效地做好“三农”工作的重点任务。乡风文明集中代表村民对幸福生活的向往，是实现乡村振兴的重要目标，也是实现农村稳定和谐的必然要求。推进乡村振兴，离不开乡风文明。

（一）乡风文明是乡村振兴的内在要求

乡村振兴是一项重要的系统工程，离开文明的乡风，乡村振兴的实现就不全面。乡风文明与乡村振兴的各项要求紧密相连，文明的乡风对农村产业兴旺、生态宜居、治理有效、生活富裕都有重要影响。

第一，乡风文明能助力农村产业兴旺。文明的乡风可以为农村产业发展提供丰富的资源，农村可以借助当地风土人情、人文风貌来培育发展第三产业。

第二，乡风文明是农民实现生活富裕的重要途径。农村可以把文明乡风中的特色文化、习俗与当地产业相融合，赋予当地各类产业、各种产品以其独具特色的文化内涵，不断创新经济发展方式，推进当地经济发展，有效帮助农民增收致富。

第三，乡风文明有利于实现农村生态宜居。文明的乡风可以潜移默化地改变农民生活习惯和农村社会风俗，有助于农民形成绿色发展的思想观念和低碳的生产生活方式，还能够促进农村建设资源节约型和环境友好型社会。

第四，乡风文明与农村治理有着密切关系。文明的乡风是有效农村治理的具体表现。充分发挥村规民约、优良家风家训、道德榜样的作用，有利于农村建立健全德治、自治、法治的治理体系，有利于提高农村治理效率。

（二）乡风文明为乡村振兴提供道德支撑

近年来，农村地区个别人诚信缺失、思想道德滑坡等现象时有发生，这不仅反映了村民思想道德层面的问题，还关系农村社会的和谐稳定与发展。一方面，乡风文明可以为乡村振兴营造良好的道德氛围。乡风文明有利于弘扬尊老爱幼、文明礼貌、邻里和睦、互帮互助、团结友善等中华优秀传统美德，引领农村建设文明高尚的道德新风，带动农村形成健康向上的精神风貌，为实现乡村振兴提供道德的肥沃土壤。另一方面，乡风文明有助于提高村民主体的道德素质。文明的乡风可以引导村民在日常生活中树立正确的思想观念，追求更高的道德目标，拒绝各种错误思想的侵袭，为实现乡村振兴构筑思想道德的严密屏障。

（三）乡风文明为乡村振兴奠定文化基础

“优秀传统文化是一个国家、一个民族传承和发展的根本。”实现乡村振兴，离不开文化的繁荣发展。我国农耕历史悠久，中华优秀传统文化植根于农耕文化。文明的乡风能够促进农村优秀文化的重塑和振兴，为乡村振兴事业的发展创建良好的文化环境。

在乡风文明建设过程中，通过对农村优秀文化的传承、创新与发展，为农民群众提供更多喜闻乐见的文化服务和文化产品，逐渐改变文化发展落后状况，增强文化消费能力，促进当地文化事业和文化产业发展，为乡村振兴奠定坚实的文化基础。

四、乡风文明建设的路径

建设文明乡风是一个长期的过程，不可能一蹴而就，也不能简单地复制模仿，必须从当地的实际情况出发，结合村民的需求特点和美好期待，多方位、多层次、多举措扎实有效地推进乡风文明建设。

（一）加强基层党组织的核心引领作用

党的基层组织是党在社会基层组织中的战斗堡垒，是党全部工作和战斗力的基础。

农村基层党组织深深扎根农村，与农民群众保持着密切联系，在乡风文明建设中起重要核心引领作用。新时代推进乡风文明建设，就要加强基层党组织的核心引领。

1. 引导村民坚持正确的政治方向

多元价值观念冲击着人们的价值判断和价值选择，农村基层党组织要教育引导农民群众牢固树立正确的理想信念，始终坚持党在意识形态领域的领导权，坚持以马克思主义理论为指导，坚持走社会主义道路，进而确保乡风文明建设工作始终沿

着正确方向顺利开展。

2. 带领村民积极参与乡风文明建设

农村基层党组织要以农民为中心，充分尊重农民的主体地位，始终代表和维护广大农民根本利益，最大程度地激发农民参与乡风文明建设的自觉主动性，以强有力的组织保障助推乡风文明建设。

3. 充分发挥党员的先锋模范作用

农村基层党组织中每一位党员都要具备非常强烈的责任意识，踏实践行担当精神，主动参与乡风文明建设，充分挖掘自身工作潜能，时刻避免出现不作为、乱作为等一系列问题，努力创新乡风文明建设方案，耐心探索符合当地实际情况的乡风文明建设新思路，培育乡风文明建设新模式。

（二）强化乡风文明建设的基础和保障

1. 要夯实乡风文明建设的物质基础

文明乡风作为一种更高的精神追求，其建设工作的开展需要一定的经济支持。广大农村的基层党组织与政府部门要严格贯彻落实党中央各项强农惠农政策，发展壮大集体经济，充分发挥集体经济内在价值，利用先进技术，创新农村经济发展方式，培育发展农村特色产业和新型产业形态，拓宽发展渠道，完善农村电力、交通、通信等基础设施建设，促进经济发展，帮助农民增收致富。

2. 要加强乡风文明建设的制度保障

从当地发展情况和特点出发，有针对性地出台乡风文明建设相关意见，结合乡风文明建设长远目标，制定系统、全面、合理、有效的制度，为建设文明乡风提供稳定的制度遵循；同时，将乡风文明建设工作任务进行层层细化分解，建立科学完

善的乡风文明建设目标考核评价机制，全方位、全过程地保障乡风文明建设工作持久长效。

3. 要提高农村教育的发展质量

在开展乡风文明建设工作过程中，教育是提升村民综合素质的重要途径。要增强学校教师的教学能力，加强教师队伍建设，合理提升教师福利待遇，改善学校教学环境，优化教育资源配置，重视农村基础教育的发展，做好“控辍保学”相关工作，补齐农村教育短板。

4. 要落实乡风文明建设的人才保障

要加强人才队伍建设，吸引优秀青年回乡，重视对乡风文明建设领域内专业水平高、业务能力强的优秀干部和进步青年的挖掘，做好专业人员储备，做到确定一批核心骨干、发展一批新生力量、培养一批后备人才，为建设文明乡风提供人才支撑。

5. 要改善乡风文明建设的农村环境

农村要重视道路、住房的规划建设和人居环境的美化维护，践行可持续发展理念，坚持人与自然和谐共生，提升整体村容村貌，为乡风文明建设营造清新、干净、整洁的良好环境氛围。

（三）坚持村民自治和道德法治教育

1. 坚持村民自治

乡风文明建设要汇集村民群众的力量，大家的事要由大家共同参与、共同讨论，集民智聚民力，鼓励村民群众大胆探索、自主创新，切实把乡风文明建设融入村民日常生产生活实践中。同时，重视团结各类群众性组织，扩大村民议事会、道德评议会、新乡贤参事会、红白理事会等的影响力，发挥其在倡导文明乡风中的积极作用，打造群众性组织协同助力乡风文明建设的典范。

2. 加强村民的道德教育

提升村民道德素质是推进乡风文明建设不可或缺的内容。弘扬优秀传统美德，创新道德引领和道德教化方式，教育引导村民树立正确的思想观念，坚持积极向上的中国精神，从而在农村日渐形成文明道德的优良风尚。

3. 加强村民的法治教育

推进村民法治教育常态化、规范化，增强农村普法实效性、适用性，引导村民树立正确的法治观念，为建设文明乡风提供良好的治安环境、建立稳定的社会秩序。可以采用媒体宣传、案例教育、理论教学等方式，向广大村民普及法律知识，教育村民学法懂法守法，提升广大村民法治素养，让村民学会依靠法律手段处理日常生活中的矛盾纠纷，保护自身合法权益，合理表达自身诉求，推动村民法治教育入耳入脑入心入行。

（四）激发农村优秀文化发展活力

建设文明乡风，必须重视农村优秀文化的重要价值。要结合不断变化的环境条件，考虑村民多样的文化需求，充分展现当地优秀文化的独特优势，有助于优秀传统文化的繁荣发展，以此助推文明乡风的建设。

1. 挖掘农村红色文化资源

中国共产党的百年奋斗历程，在农村留下了宝贵的文化财富，不同地区有不同内容。如革命老区的红色革命精神、红色纪念地等，都是乡风文明建设的宝贵资源。可以挖掘并梳理提炼这些红色文化资源，通过开展一系列宣讲、展览等专题活动对红色文化进行弘扬与传播，扩大红色文化影响力。

2. 创新文化发展方式

有条件的农村地区可以利用自身独特的位置环境、自然资源等，将历史悠久、内容深厚的农耕文化与新时代优秀文明成果相融合进行创造性转化及创新性发展，开发集参观、体验和品尝于一体的农耕文化示范园；利用动画视频、数字展厅等技术对当地农耕文化、特色文化进行创意展示；通过设立专属民俗纪念节日，举办相关庆祝活动，不断提高各类优秀文化的质量与水平。

3. 完善农村的文化基础设施

农村要整合现有的文化基础设施，提高现有设施利用率，最大程度发挥文化基础设施的作用。同时，扩大文化基础设施的覆盖面，解决部分村民距离文化基础设施较远等问题；还可以将当地特有的文化元素融入博物馆、村史馆、百姓舞台、艺术中心、创意乐园、阅读书吧等的修建中，丰富村民的文化生活，为村民提供更优质的文化服务，逐步建设独具文化魅力的新农村。

第六节 “千万工程”下新媒体助力乡村文化振兴

要大力实施乡村振兴战略，顺应亿万农民对美好生活的向往，乡村文化振兴是乡村振兴的保障。浙江省自 2003 年全面推进“千村示范、万村整治”工程，始终沿着“三美融合”脉络、生态、经济、生活共同发展，不仅注重改善人民的生活条件，优化生活环境，更关注乡村文化振兴对乡村振兴战略的重要意义。

一、新媒体助力乡村文化振兴的机遇

（一）传播主体大众化

伴随着网络应用的广泛深入，全民传播已经成为新媒体时代主要的传播方式。视频制作门槛的降低不再过度依赖专业的设备和官方的传播渠道，相反，移动终端成了信息传播的主要渠道，这一现象大大降低了创作者生产制作的成本，一部手机和应用成熟的5G网络，就能够实现拍摄与后期的融合。与传统的传播方式不同，新媒体将“麦克风”交到了乡村大众的手中。乡村文化的生产与传播，消费与交换的各个环节也有通过短视频市场涌入的大量农民群体的积极参与。

（二）传播内容通俗个性化

因以“三农”移动短视频为代表的新媒体平台所展现风格各异、题材广泛的内容，以及包含的多元社会文化的特点，乡村文化的传承和发展迎来了新的机遇和方式。短视频所呈现的农民劳动、生活真实场景，展示出的风土人情、民族才艺等形成了一种独有的媒介景观，吸引了部分对其感兴趣的群体。新媒体通过对大数据的精准推送，能够在短视频等平台将对同一类型感兴趣的群体联系起来，形成社会圈层，从而构建起了虚拟的公共社会空间，通过圈层发力，使这一空间所展现的良好的文化氛围和适合的传播机制，走进大众的视野。

（三）传播渠道便捷化

时空方面的限制在新媒体时代到来之时被打破。

长期以来，由于时间和空间的阻隔，乡村文化在传播和发展的过程中显现出疲乏无力之势。乡村中更加亲民的信息环境的产生得益于近年来互联网在农村的普及，以及新媒体技术使用门槛的降低，短视频等新媒体平台的应用，大众能够借助网络快速地对喜爱的内容进行关注、点赞、评论等双向沟通，随

时随地使得乡村文化实现实时、远距离、快速地流出，让文化输出形式变为双向传播。通过网络平台和社交媒体，乡村文化可以将传统文化和民俗活动进行展示和传播，例如前段时间“村超”的爆火。“村超”即“贵州榕江（三宝侗寨）和美乡村足球超级联赛”，当地20支以村为单位自发组建的足球队参赛。自2023年5月13日开赛以来，“村超”凭借着接地气的办赛风格及火热的现场氛围，迅速刷屏网络，让越来越多的人关注到了这一乡村足球文化。除了足球文化外，“村超”也为传播当地民族文化提供了良好契机。每到比赛中场休息阶段，足球场就变成了民族文化的舞台，神秘的水族举着自己的文字“水书”缓慢走过；侗族献唱国家级非物质文化遗产侗族琵琶歌。还有村民将自制的草编金牛、金龙、金凤凰等传统手艺搬上“村超”，惊艳全场。如今，在互联网语境下，短视频等平台变成了信息生产者和消费者，以及乡村文化内容创作者和乡村文化内容接收使用者的沟通桥梁，用户之间的联系得到了加强，文化信息链得以形成。

二、新媒体助力乡村文化振兴的实践路径

乡村文化振兴关键在人，新媒体的广泛应用为乡村文化传播提供了更多的可能。乡村振兴内生动力的转化，需要加强农村思想道德建设，使乡村优秀传统文化在保护中得以传承和发展，巩固乡村文化的根与魂。

（一）坚定文化自信，发挥新媒体传播作用

文运与国运相牵，文脉同国脉相连。文化兴则国家兴，文化强则民族强。“自信才能自强。有文化自信的民族，才能立得住、站得稳、行得远。”为更好地坚定文化自信，发挥新媒体的传播作用，搭建中华民族现代文明的广阔平台，习近平总书记就文化自信的重大意义、科学内涵和实践要求做出了一系

列深刻的阐述，推动乡村文化创造性转化和创新性发展。

1. 文化导向，助力乡村振兴

历史和现实表明，一个国家和民族要自立自强，首先在文化上要自觉自信，文化自信是更基础、更广泛、更深厚的自信。

进入新时代，文化在振奋民族精神、维系国家认同、促进经济社会发展和人的全面发展等方面充分显示出其独有的魅力与作用。必须坚定历史自信、文化自信，坚持古为今用、推陈出新；坚定文化自信，秉持开放包容，坚持中国特色社会主义文化发展方向；坚持守正创新，深入挖掘乡村文化中的优秀资源，在实施乡村振兴战略背景下更好地利用乡村文化的传播和振兴助推乡村振兴的实现。

2. 主体培育，建设新农人

充分发挥新媒体媒介对于乡村文化建设的推动作用，促进内生动力的生成，就要认识到作为乡村文化振兴的主体，农民媒介素养的提高对于乡村文化建设至关重要。要针对不同群体，如青少年群体、中老年群体、外出务工群体等，开展不同类型、不同层次的媒介素养培训。在农村针对青少年群体开展网络传播教育，引导他们正确使用网络，认识到网络的"双刃剑"特点，防止这一类型的群体沉迷网络，受到不良网络思想的侵蚀。

对于乡村中老年群体，则是采用多帮助、促进步的方法，让他们对媒介有一定的认识，能够正确掌握媒介工具的使用方法，利用新媒体平台看到更加精彩的世界。

要积极倡导在外务工群体，尤其是常年未回家的人员使用媒介，了解家乡近年来的变化，让他们成为乡村文化向外传播的使者，同时也能让这一群体增强对家乡的归属感。要重视文

化传承人和村干部的重要作用，让他们发挥自己的优势，传播好乡村文化、讲好乡村故事搭建平台，改善乡村群众在网络传播中的失语状况。

（二）坚守意识阵地，发展新媒体传播渠道

对于乡村文化传播过程中出现的问题，要大力弘扬主流价值观，营造风清气正的乡风乡俗，将民族精神融入乡村的历史记忆中，引导农民在日常生活中自觉践行社会主义核心价值观，在弘扬积极向上的时代精神中讲述好农村本土的人和事。随着互联网技术的日趋成熟和5G技术的应用，对中华优秀农耕文化进行数字化开发，促成乡村文化融入中华优秀传统文化的系列工程之中，是对优秀传统文化资源的保护性传承和创新性传播的有效手段。

1. 融媒体与自媒体相结合，构建传播矩阵

县级融媒体可以吸收农民自媒体加入融媒体中心，通过酬劳、奖励机制等方式形成大平台包含小平台的形式，激发融媒体与自媒体的活力，以此构建双方受益的传播矩阵，成为乡村文化发声的扩音器。

县级融媒体通过对农民自媒体的引导，使短视频的用途不再仅仅是之前休闲娱乐的“玩具”，更要使其成为乡村群众表达诉求、解决急难愁盼问题、传递民情民声的渠道。通过对乡村村民民主意识的激发，做到正向传播乡村文化，实现乡村群众对乡村文化振兴的自觉参与。

2. 平台发力，加强文化输出

平台应大力构建乡村公共文化生活空间，推动乡村文化传播圈层的形成，增强文化互动认同。乡村公共文化生活空间和短视频平台发力分享美食美景、民俗风情的同时，也需关注到乡村群体更深层次问题的探讨，要能为当下乡村社会的重点问

题表达发声，反映诉求。除此之外，想要加强城乡群体之间的交流，唤起城市群体对于乡村原生态的集体记忆和对自然气息的向往也要积极突破固有圈层，为城市群体提供乡村文化振兴和乡村建设建言献策的渠道。

（三）坚持问题导向，发扬新媒体监督机制

新媒体助力乡村文化振兴的过程中也面临着一些问题，如传播内容的真实性和传播内容的价值导向性等，在各个平台中不难看出乡村文化的传播内容良莠不齐，与传播乡村文化正能量相比，一些不利于人们正确认识乡村文化和乡村习俗的现象也在通过新媒体平台逐步暴露出来。直播带货作为一种新兴的职业，部分带货人不求“质”只求“量”，这样的后果就是观众对某个群体或者某地产生负面的看法。

遏制违反主流价值观及社会公序良俗的内容传播，加强网络巡查监督与网络生态治理，强化互联网的内容安全，遏制如拜金主义、奢靡低俗等不健康的生活方式在乡村大范围传播对乡村公序良俗的冲击。

第九章　乡村组织振兴

第一节　夯实基层组织、助力乡村组织振兴

“五个振兴”与实施乡村振兴战略的总要求互为表里，相辅相成，为解决“三农”问题提供了新思路、新方法。组织振兴作为其中的关键一环，为实施乡村振兴战略和推动农业农村优先发展提供了坚强制度支撑和组织保障。实现组织振兴关键是建立健全农村基层组织，要充分发挥基层组织在实施乡村振兴战略中的牵引带动作用，以提升农村基层党组织组织力为重点，以党组织建设带动其他组织建设，激发乡村各类组织活力，凝聚乡村振兴的整体合力，推动农村基层组织全面发展、全面进步、全面过硬。

一、提升农村基层党组织的领导力

党的基层组织是政治组织，是农村各种组织和各项工作的领导核心。要坚持以习近平新时代中国特色社会主义思想武装头脑，推动农村各项工作开展，激发乡村振兴内生动力。

（一）突出政治功能

要把农村基层党组织政治功能摆在突出位置，以提升组织力为核心，突出政治引领，坚持政治挂帅，凝练政治思维，彰显政治属性。突出谋划农村基层党组织建设重点工作任务，在推进乡村振兴中教育引导党员干部增强“四个意识”、坚定“四个自信”、做到“两个维护”，带领基层群众坚定不移跟党走、撸起袖子加油干。对照基层党组织规范化建设标准，查漏

补缺、整顿提升，实现农村基层党组织的全面提升。要扎实开展“不忘初心、牢记使命”主题教育，教育和引导广大党员干部守初心、担使命，找差距、抓落实，达到理论学习有收获、思想政治受洗礼、干事创业敢担当、为民服务解难题、清正廉洁作表率的目标。

（二）突出“头雁”带动

农村富不富，关键看支部；支部强不强，关键在“头雁”。建立健全五级书记抓振兴工作机制，成立以党政主要负责人为组长的乡村振兴工作领导小组，层层压实主体责任，明确时间表和路线图。构建忠诚、干净、担当的干部队伍，选优配强村级带头人，真正把思想观念新、综合素质好、群众威望高的“新乡贤”选拔到村党组织队伍中。积极实施本土人才回归计划，鼓励和引导大学毕业生、外出务工人员、退伍军人等回村创业。着力培养和壮大一支懂农业、爱农村、爱农民的“三农”工作队伍，形成良好示范带动效应，让基层党组织和广大党员学有榜样、做有标尺、干有方向、赶有目标。

（三）突出阵地建设

党建阵地是农村基层党组织发挥作用的大本营，承担着传播党的声音、贯彻党的意志、落实党的政策等重要任务。要完善基层党组织设置，结合行政村撤并、移民村变迁、村改社区等，同步调整或成立党组织。按照大村带小村、强村带弱村或村企联建、村园联建等方式，创新组建联村党组织，实现实体联建、产业联动，推动党组织“上产业链”“进合作社”“入养殖基地”。要全面提升农村基层党建信息化水平，创新基层组织活动方式。积极利用融媒体、大数据等新兴技术，建立集信息宣传、教育管理、互动交流、互联网服务等综合服务于一体的多层级平台。整合各级资源，打造贯彻落实党和国家政策

的新渠道，增强基层组织工作信息化水平，建立基层组织联系和服务群众的新纽带。

二、提升村民自治组织的治理能力

村民自治组织实现了村民自我管理、自我服务、自我教育、自我监督，健全了民事民议、民事民办、民事民管的多层次协商格局，确保村民自治有制可依、有规可守、有章可循、有序可遵。

（一）加强村级自治组织建设

建立健全村党组织、村民委员会、村经济合作组织、村民代表会议、村务监督委员、村新乡贤理事会“六位一体”的村级组织体系，形成“一核两委一会”（“一核”即以党支部领导为核心；“两委”即村委会和村务监督委员会；“一会”即村务协商会）的乡村治理体系。充分发挥基层党组织在村民自治组织中的领导核心作用，推进村委会规范化建设。

（二）落实基层民主自治政策

进一步贯彻落实《中华人民共和国村民委员会组织法》等，严格依法进行民主选举。加强村党组织对村委换届的领导，推动村党组织书记通过选举担任村委会或下属委员会成员，积极探索完善“政社互动”“政乡互动”“乡村互动”的有效运作机制。推动乡村治理重心下移，开展以村民小组或自然村为基本单元的村民自治试点，创新村党组织领导的充满活力的村民自治机制。

（三）创新基层治理服务方式

有序推进农村社区建设，建立以综合性社区服务中心为主体，专项设施配套、室内外设施相结合的农村社区服务体系。建立健全社区、社会组织和社工“三社联动”治理模式，增强社会组织承载功能，强化社会工作专业人才支撑力量，发展

多元化社会服务组织，进一步激发社会组织活力。打造信息化服务平台，加快推进"互联网+"政务服务平台建设，推行"一号一窗一网"服务模式，畅通多元主体参与渠道。推动干部挂职帮扶，建立县级以上党员干部挂职任职、驻点包户和定点联系工作机制。构建"新乡贤"参与模式，鼓励和引导在外优秀本土人才通过竞选、挂职等方式参与乡村治理，培育有地方特色和时代精神的新乡贤文化。鼓励发展乡贤理事会、参事会、议事会等组织，以资源返乡、影响返乡、智力返乡等方式参与乡村治理工作，引导新乡贤关心乡村、振兴乡村。

三、提升农村经济组织的发展能力

随着经济社会多元化发展，农村出现了农民专业合作社、生产大户、农业协会等各种经济组织。农村经济组织在乡村振兴中承担着带动农户和增收致富的艰巨任务，要充分调动农民专业合作社、种植大户等各类新型主体的积极性、主动性和创造性，让他们根据自身的能力发挥更大的作用。

（一）维护特别法人地位

要充分发挥各级农业农村管理部门的业务主管作用，确立农村经济组织的市场主体地位，整合资源、积极行动，为农村经济组织提供便捷、规范、细致的服务，帮助农村经济组织充分发挥管理集体资产、开发集体资源、发展集体经济、服务集体成员等功能，确保农村集体经济组织在乡村振兴过程中快速发展，凸显其带动农村经济社会发展的重大作用。要维护村民委员会、农村集体经济组织、农村合作经济组织的特别法人地位和权利，确保村民委员会、农村集体经济组织等基层组织能独立开展经济活动和有效地参与社会治理，充分发挥其在基层事务中的影响力和执行力，确保基层社会治理有条不紊。

（二）推进人才队伍建设

要以更高的视野和起点来看待人力资本开发，以农村经济组织管理者这一“关键少数”群体为人才队伍建设的主体，突破农村集体经济组织缺专业人才、缺管理人才的现实障碍，创建一支优秀的农村集体经济组织干部队伍。

一方面，要就地选拔培养。大胆起用政治意识、管理能力和农业发展能力都较强并且群众信任的优秀人才，打造高素质干部队伍。要加强集体经济和市场经济相关政策以及现代农业和科学技术知识的培训，提高管理水平，充分发挥农村集体经济组织干部示范和带动作用。

另一方面，要对外“招贤纳士”。鼓励和引导各类返乡人员，依照法律、法规和有关政策规定，创办或参与农业专业合作社、农业互助合作社等经济组织，以保护农民权益、促进集体经济发展、互利共赢为基础，帮助农民稳定增加收入，加快推进乡村振兴。

（三）深化涉农事项改革

提高认识、解放思想、大胆创新，学习借鉴贵州省农村“三变”改革成功经验，推进农村“资源变资产、资金变股金、农民变股东”改革，有效激活农村发展内生动力，增强农村经济组织在市场经济中的博弈能力和自主力量，为脱贫攻坚和乡村振兴提供新动能。统筹确定农村集体经济组织成员身份，本着尊重历史、兼顾现实、程序规范和群众认可的原则予以确认。细致推进集体资产核算，加强“三资”管理，全面开展农村集体资产清产核资，以“三资”清理为基础，摸清农村集体经济组织的家底。健全、创新内部管理机制，完善社会监督渠道，保障农民群众对集体“三资”的知情权和监督权。深化农村土地制度改革，深入推进集体产权制度改革。

认真落实第二轮土地承包到期后再延长30年的政策，全面完成土地承包经营权确权登记颁证工作，探索农村承包地确权登记颁证与不动产统一登记的衔接机制；平等保护土地经营权，推进农村承包地“三权分置”（所有权、承包权、经营权三权分置，经营权流转），鼓励和支持农村承包土地经营权依法入股农业产业化经营。

经济发展理念，不能单纯追求GDP。对区域碳减排任务，要综合地区经济的发展水平以及企业的生产条件等诸多因素进行考察，针对农业企业制定有效的碳减排绩效考核指标，以此来充分保证我国农业贸易碳减排的稳定发展。在宏观层面上，我国政府应针对农业贸易节能减排发展的目标，完善相关的政策和制度。可以借鉴日本的管理思想，让企业签订节能减排的协议，为企业制定一定的节能减排目标，根据企业执行情况给予奖励和惩戒，对表现好的农业贸易企业给予一定的优惠政策和扶持。在此方面需要引进第三方机构监督，确保政策制定的公平性以及科学性。这一手段对传统的高耗能企业具有重要的引导价值。我国农业贸易的低碳化发展不能一蹴而就，要树立可持续发展理念，树立长远的目标，保障节能减排工作有效落实。

要在根本上促进农业贸易的低碳化发展，我国还需进一步加强对企业绿色生产以及低碳排放的科学指导，在资金、技术以及政策等方面给予企业有效扶持，为农业贸易低碳化企业发展引领道路。农业低碳化发展离不开可再生资源的利用，当前我国可再生能源主要涵盖了太阳能、生物能以及风能等资源。可再生能源的利用可以大大降低传统企业的碳排放量，不仅有效改善我国大气质量，也能实现资源循环利用，大大降低了我国的能源消耗，符合我国循环经济发展目标。对此，我国要对可再生资源利用及开发给予有效支持，鼓励企业对可再生能源的利用。在我国农村地区，要进一步扶持生态农业及低碳农业的发展。

此外，为缓解我国农业贸易低碳化发展的压力，给予企业一定的税收优惠，给予农业贸易企业一定的资金支持，以此来帮助农业企业进行现代化生产技术及设备引进，实现对新能源的利用和开发。我国要针对农业低碳化发展进行技术创新，增加财政支出，为基层企业和农业贸易发展提供有效的资金保障。积极发挥政府宏观调控作用，促进能源价格体系改革，调整我国的能源市场，为我国现代化低碳经济的运行保驾护航。

第二节 通过创新基层领导制度振兴乡村组织

乡村振兴战略是新时代“三农”工作的总抓手。乡村全面振兴是乡村振兴战略的方向和目标。2018 年，习近平总书记指出，“要坚持乡村全面振兴，抓重点、补短板、强弱项，实现乡村产业振兴、人才振兴、文化振兴、生态振兴、组织振兴，推动农业全面升级、农村全面进步、农民全面发展。”“五大振兴”内在联系，相辅相成，缺一不可，但也并非半斤八两，没有重点。乡村振兴关键是组织振兴，组织振兴关键是农村党组织振兴，农村党组织振兴关键是强化党组织领导核心地位，强化农村党组织领导核心地位关键是制度创新。

一、组织振兴关键是农村党组织振兴

农村基层组织振兴的关键是农村基层党组织振兴。农村基层党组织是党在农村的基层组织，是党在农村全部工作和战斗力的基础，是农村各种组织和各项工作的领导核心，是团结带领广大党员和群众推进乡村振兴的战斗堡垒，这是由党的性质、地位和农村的实际情况决定的，是党章、党内法规和国家法律明文规定的。

农村基层党组织软弱涣散，乡村振兴就会步履维艰；农村基层党组织坚强有力，乡村振兴便会蹄疾步稳。2018 年 3 月，

习近平总书记参加山东代表团审议时强调，“要推动乡村组织振兴，打造千千万万个坚强的农村基层党组织，培养千千万万名优秀的农村基层党组织书记。”“政治路线确定之后，干部就是决定的因素。”农村基层党组织振兴的前提是，农村基层党组织要实现全覆盖。

农村基层党组织现状：一是力量弱。农民中的党员比例与其他行业的党员相比总量少、比例低。二是结构差。党员年龄结构老化、文化程度偏低、女性党员偏少。三是活力缺。后续发展对象不足，要求入党的对象不足，可以发展的对象不足，“名义党员”“口袋党员”多。

因此，解决党组织自身建设问题，首要的是壮大农村党员队伍，主动做好党员发展工作，要像星探一样主动发现和培养好苗子；主动在农村青年、妇女、致富能人中发展党员；主动在村级后备干部、村委会、农村集体经济组织、专业合作社组织中发展党员；主动在外出务工、返乡创业、经商人员中发展党员；主动在回乡大中专毕业生、复退军人和行业协会成员中发展党员。变个人被动要求入党为组织主动培养入党；变建立积极分子信息库为建立优秀分子信息库，主动将优秀分子及时吸纳到党的队伍中来。

二、农村党组织振兴关键是强化党组织领导核心地位

2012年11月，习近平总书记在主持十八届中央政治局第一次集体学习时指出，“党政军民学，东西南北中，党是领导一切的。”《中华人民共和国村民委员会组织法》第四条明确，“中国共产党在农村的基层组织，按照中国共产党章程进行工作，发挥领导核心作用。”“党是领导一切的”写入党章，“中国共产党领导是中国特色社会主义最本质的特征”写入宪法，表现在农村，就是要理直气壮地认识到，村党组织与村民委员会组织和农村集体经济组织的关系不是平起平坐的关系，而是

领导和被领导的关系，村党组织是全面管理、是领导作用、是核心地位；就是要理直气壮地提出农村基层党组织地位高于其他组织，其他组织在党组织领导下开展工作；就是要理直气壮地维护农村基层党组织的权威，无论农村社会结构如何变化、各类经济社会组织如何发育成长，农村基层党组织的领导地位不能动摇、战斗堡垒作用不能削弱。

当前，农村党组织建设存在的根本问题是农村基层党组织的领导核心地位未能正常发挥。

一是把党组织领导权和村委会自治权对立起来，出现党管农村与村民自治“两张皮”，往往强调党的领导就排斥村民自治，强调村民自治就忽视了党的领导。甚至在现实中出现“基层党组织书记是十几名党员选出的，村委会是全体村民选的，村里的事应该由村委会说了算”的错误认识。

二是把抓党建与抓经济对立起来，有重经济、轻党建的倾向。现实中只讲经济不讲党建，党建第一责任虚化，甚至产生抓经济是“硬指标”、抓党建是“软任务”的错误认识。党组织和党建工作容易被经济利益和宗教势力所绑架。相当数量的村级党组织的党建工作以疲于应付上级检查为目的，党建工作浮于表面、流于形式、虚而不实，推着干、敷衍干、“留痕”不走心。

三是把党员的权利和义务对立起来，只一味强调下达各种任务、安排各种工作，党员干部的利益和待遇没人过问，形成“上面千条线，下面一根针”的职责与“只要马儿跑，不给马吃草”的待遇不对等的矛盾。这些做法都严重削弱了农村基层党组织的领导权威和核心地位。

因此，农村党组织建设关键是强化党组织领导核心地位。

一是以提升政治领导力加强全面领导。加强党组织对农村各领域社会基层组织的政治领导，通过政治领导把握乡村振兴的政治方向，高举新时代中国特色社会主义的伟大旗帜，把党组织意图变成各类组织参与乡村振兴的具体举措。

二是以提升组织覆盖力体现全面领导。组织覆盖力就是要把农村基层党组织有效嵌入农村各类社会基层组织，把党的组织体系和工作触角延伸到农村产业链条的各个环节，延伸到每位党员和每户百姓，实现党的基层组织对农村工作的全覆盖。

三是以落实待遇保障全面领导。中央和地方财政要设立农村党建专项资金，把农村基层党建和社会治理工作经费纳入地方财政预算，保障基层党组织和基层干部必要的办公经费和活动经费。村级党组织实现坐班制，党组织干部实现专职化，落实工资补贴待遇政策和社会保险政策，解除他们抓好党建工作的后顾之忧。

三、强化农村党组织领导核心地位关键是制度创新

习近平总书记在庆祝改革开放40周年大会上指出，“制度是关系党和国家事业发展的根本性、全局性、稳定性、长期性问题”。强化农村基层党组织的核心地位关键是要建立健全坚持和加强党的全面领导的组织体系、制度体系、工作机制。制度保障是根本保障，是打基础、利长远的事。

一要健全以党组织为领导的村级组织体系。畅通村级党组织负责人能上能下的机制。探索从高校毕业生、机关企事业单位、乡镇党员干部中选派村党组织书记；健全从优秀村党组织书记中选拔乡镇领导干部，考录乡镇机关公务员，招聘乡镇事业编制人员制度，或者基层执行职级并行制度扩大到村党组织书记，打通优秀村党组织书记的上升渠道。要从严落实基层党建责任制。健全农村基层党建考核评价体系，认真落实“三会一课”“党员民主评议”等制度，把全面从严治党的责任承担好、落实好。

二要在基层党组织领导下，探索明晰农村集体经济组织与村民委员会的职能关系，有效承担集体经济经营管理事务和村民自治事务，实行政经分开制度。

三要完善农村基层党组织领导下的村民自治组织和集体经济组织运行机制。可全面推行村民委员会等村级其他组织向党组织定期报告工作制度、党员村委会主任任村党组织副书记制度。建立村党组织提名村委会委员、主任候选人制度。提倡由非村民委员会成员的村党组织班子成员或党员担任村务监督委员会主任，村民委员会成员、村民代表中党员应当占一定比例。依托农民专业合作经济组织、村民理事会等“两新组织”设立党的基层组织，扩大党的工作覆盖面，在生产、加工、销售等各种产业链上，设立党支部或党小组，增强党员活动的同质性，延伸党建工作触角。

四要健全村级重要事项、重大问题由村党组织研究讨论机制。提倡村党组织书记由县级党委组织部门备案管理。全面推行村党组织书记目标责任管理制度，探索建立基层民主科学决策、矛盾调解化解、便民服务和党风政风监督检查等制度，巩固党在农村的执政基础。

五要完善“四议两审两公开”工作机制。在“四议两公开”基础上增加“两审”程序。第一，村民监督委员会审核。在村级党组织领导下，村民监督委员会按照有关程序对决策、实施过程进行全面审核审查，对决议事项进行事前、事中、事后的全程监督。第二，村党组织审批。村党组织对决议事项进行审批执行。“四议两审两公开”通过制度性安排，用提议权、审批权实现党组织的全面领导、全过程领导，体现了党组织的把关定向作用。

六要建立健全党组织领导的自治、法治、德治相结合的乡村治理体系。在农村经济、政治、文化、社会各个发展领域及时跟进党组织设置工作，注重整合社会管理资源，充分发挥农村民间组织的作用。村级党组织可进一步下沉到组，以村民小组或联片自然村寨为单元，探索和创新“党组织+”模式，党员人数超过 3 人的成立党小组，将基层党组织设置由原来的“乡镇党委—村党支部（总支）”向“乡镇党委—村党支部（总支）或联村党支部（总支）—联组党支部（村民党小组）或联业党支部（联业党小组）”延伸，扩大党的组织和工作覆盖面，加强村民小组的党组织战斗堡垒作用。同时，明确党小组为村民组或自然村发展的核心，破除依靠强人和资本主导村治的路径依赖，强化其联系群众、服务群众的能力，有效解决党建工作和基层治理“两张皮”的问题。

第三节 “千万工程”下提升村级党组织组织力的策略

当前部分村级党组织组织力弱化，很大程度上是由于党建工作形式化造成了工作重心的偏离。正如 2018 年习近平总书记在全国组织工作会议上的讲话指出，“一些地方和部门党建工作还存在重形式轻内容、重过程轻结果、重数量轻质量的问题，看起来热热闹闹，实际效果却不佳，甚至与中心工作‘两张皮’，没有什么效果。”其中，最为突出的表征就是从“痕迹管理”走向“痕迹主义”。驻村第一书记具备引领村级党组织组织力提升的丰富资源，要围绕村级党组织组织力提升的突出问题，进行有针对性的引领，激活村级党组织的活力，提升村级党组织建设质量。其中，最关键的问题就是要探索如何激活党员个体和组织，从而有效地发挥基层党组织的战斗堡垒作用和党员的先锋模范作用，实现村级党组织对内凝聚党员，对外团结群众，把党组织锻造成一个坚强的领导核心。

一、围绕党员发挥作用这个关键点

切实加强党员教育、管理、监督和服务，其中一个可行举措就是推动党员“志愿者”化，其有利于提升党员对组织的认同感与服务群众的责任感，同时也是沟通村级党组织与农民

群众的重要渠道，避免了因党组织“建制化”引发与农村社会及农民群众疏离的危险。此外，还需要加强对村级人才建设的探索，增加社会锻炼与竞争环节，这比单纯的组织系统内部培养更具群众基础和社会影响力。

二、着力创新村级党组织的活动和运行方式

为了更好地凝聚和激活党员，影响和带动群众，村级党组织组织活动不能搞“自娱自乐”和“体内循环”，要实现从“纵向垂直指令式”“封闭集中型”向网络式、扁平化的转变。例如，制定紧贴本村实际的活动主题，抓住党员和群众在日常生产与生活中的痛点、痒点和兴奋点，就此开展的会议、讨论和主题活动更容易产生情感共鸣，激发每名党员的主体意识、责任意识和使命意识，激励党员担当作为。

三、提升村党组织的群众工作水平

中国共产党在长期实践中形成了“一切为了群众，一切依靠群众，从群众中来，到群众中去”的群众路线，驻村第一书记制度设立的初衷，就是回应农村基层的诉求，保持与农民的血肉联系。

驻村第一书记既可视为党向农村下派的农村工作方针政策宣传队，也可视为农村工作调查队，是党了解农村、农业、农民以及制定农村社会治理政策最直接、最权威的信息来源。第一书记驻村较大程度上激活了群众路线，但仍存在脱离群众的“悬浮干部”，例如，不少驻村干部的主要时间精力都用在跑资金跑项目上，对村庄了解有限，与村民较为疏远，或是群众工作能力有限，难以将为村民谋利益落到实处。为此，驻村工作的评价机制需要更多地体现群众视角，借此提升驻村工作乃至村党组织的群众工作水平，积极回应和解决村民的实际需求，夯实党在农村基层的执政基础。

第十章　农业农村现代化

第一节　中国式农业农村现代化

农业农村现代化是一个动态演进的过程，具有极强的时代特色和阶段特征。在新发展阶段，厘清中国式农业农村现代化的内涵，要遵循整体性、协同性、可持续性和可借鉴性的原则，将农业农村现代化概括为立足于乡村振兴的总要求，以实现"物"的现代化为主线，以推进"人"的现代化为核心，以提升"乡村治理"的现代化为突破口，推动农业农村经济、政治、社会、文化、生态文明相互促进、统筹联动，并为世界贡献中国智慧的一种状态。实现中国式农业农村现代化，应准确把握农业农村现代化的内涵，以大国小农的国情农情为出发点，走好城乡共同繁荣之路、绿色发展之路、农村善治之路，夯实农业农村现代化的基础，为世界农业农村现代化提供中国道路和中国方案。

一、应遵循的原则

农业农村现代化是一个动态演进的过程，具有极强的时代特色和阶段性特征，不同时期其内涵不尽相同。在我国社会经济发展进入新发展阶段的当前，新发展理念和高质量发展要求将得到全面贯彻，农业农村新发展格局将逐步形成，这些都将对我国农业农村现代化的内涵产生深刻影响。

明确新发展阶段农业农村现代化的内涵，应该遵循以下原则。

（一）把握整体性

农业农村现代化是农业、农村、农民“三位一体”的现代化，也是涵盖农村产业、生态、文化、治理和农民生活等多领域、多方面的现代化。作为一个不可分割的整体，农业农村现代化的各个环节彼此紧密关联，单一领域的改革难以达到整体目标。因此，只有纵观全局，立足大国小农的国情农情和国民经济与社会发展的大系统，将农业农村现代化视为一个多层次、多领域的完整体系，才能厘清其内涵。

（二）增强协同性

党的二十大报告指出，“中国式现代化是物质文明和精神文明相协调的现代化，是人与自然和谐共生的现代化”。中国式农业农村现代化作为中国式现代化的重要组成部分，其内涵应与中国式现代化的本质要求相契合，需要加强政府、企业、农民等多个主体间的协作，促进农业农村经济、政治、社会、文化、生态文明等多领域协调发展、互动提升。

（三）保持可持续性

农业农村现代化是一项长期任务。因此，把握农业农村现代化的内涵不能仅聚焦于现阶段发展的需求，而应当立足我国农业农村现代化发展的历史脉络，总结农业现代化一般规律与中国农村改革经验，同时着眼未来发展的趋势与方向，在接续推进农业农村现代化的基础上明确其内涵。

（四）考虑可借鉴性

中国是一个负责任、有担当的大国，一直致力于推动构建人类命运共同体，中国“大国担当”的特质应当映照在农业农村现代化的内涵之中。因此，中国式农业农村现代化需要能够为其他国家提供启示和借鉴，助力他国实现农业强、农民富、农村美，为世界贡献共赢共享的中国方案和中国智慧。

二、中国式农业农村现代化的内涵

根据以上原则，在新发展阶段，中国式农业农村现代化的内涵可以理解为立足于乡村振兴“产业兴旺、生态宜居、乡风文明、治理有效、生活富裕”的总要求，以实现“物”的现代化为主线，以推进“人”的现代化为核心，以提升“乡村治理”的现代化为突破口，促进农业农村经济、政治、社会、文化、生态文明全面协调、共同进步，并达到世界先进水平的一种状态。

（一）“物”的现代化是中国式农业农村现代化的主线

“物”的现代化贯穿农业农村现代化的全过程，涉及农民生产和其他物质方面的现代化。从农民生产现代化来看，农业机械和农机装备的应用程度能够直接反映农业生产的能力。《国务院关于加快推进农业机械化和农机装备产业转型升级的指导意见》指出，“农业机械化和农机装备是转变农业发展方式、提高农村生产力的重要基础，是实施乡村振兴战略和推进农业农村现代化的重要支撑”。“十四五”时期，依托第三次信息化浪潮和北斗导航、人工智能、大数据等先进技术，对农业机械和农机装备进行智能化、自动化、可持续化和数据驱动化改造升级，成为全面推进乡村振兴、加快农业农村现代化的重要方向。同时，农业产业体系、生产体系和经营体系现代化也是构成“物”的现代化的核心要素，能够推动农业供给侧结构性改革，促进农业生产提质增效。2018 年，习近平总书记在参加十三届全国人大一次会议山东代表团审议时指出，“加快构建现代农业产业体系、生产体系、经营体系，推进农业由增产导向转向提质导向，提高农业创新力、竞争力、全要素生产率，提高农业质量、效益、整体素质。”从其他物质方面的现代化来看，农业农村基础设施、公共服务、人居环境是农业农

村现代化的关键要素，提升农业农村基础设施完备度、公共服务便利度、人居环境舒适度对解决如何建设宜居宜业和美乡村、如何让农民就地过上现代文明生活等问题具有重要意义。

（二）“人”的现代化是中国式农业农村现代化的核心

“人”的现代化是农业农村现代化的内在要求，和“物”的现代化相辅相成，包含农民素质和精神层面的现代化。一是作为农业农村发展和乡村振兴战略的直接参与者与受益者，农民的综合素质一定程度上能够决定农业经营的模式，并直接影响农业经营效率、资源利用效率及国际竞争力的提升。高素质农民接受过良好的文化教育，学习和掌握新知识、新思想、新技术的能力强，善于认识和接受新事物，更有利于推动现代农业朝着规模化、集约化、机械化、生态化方向发展。

（三）乡村治理现代化是中国式农业农村现代化的突破口

农业农村现代化是多重要素协同推进的动态过程，其中乡村治理现代化是推进农业农村现代化的必然要求，它不仅包括乡村治理主体、客体与治理环境的现代化，也包括乡村治理“软硬件”的现代化，其最终目标就是提升乡村治理体系与乡村治理能力的现代化水平。乡村治理体系现代化和乡村治理能力现代化既有系统性又各有侧重点。乡村治理体系现代化侧重于完善体制机制设计，乡村治理能力侧重于治理主体及增强其执行能力、服务能力、议事协商能力、应急管理能力、平安建设能力建设。

新时期，乡村社会形态和治理基础发生了新的变化，如“大流动”导致的乡村空巢社会、乡村振兴视域下乡村社会关系嬗变、后乡土中国“法礼相容”的法礼秩序转变等，因此，忽视区域经济发展差异直接移植东部沿海乡村“村级组织行政化”的治理模式，不符合我国乡村治理现代化的要求。推进乡村治理体系和治理能力现代化，要厘清“谁来主导乡村治理”“运行何种治理机制推进乡村治理”“治理主体互动形塑何种治理结构来实现乡村治理的效率与效能”等问题，探索创新有效的治理体系、治理理念、治理方式、治理保障与治理绩效目标。实现乡村治理的社会化、法治化、专业化、智能化、科学化是在中国式农业农村现代化过程中完善乡村治理的首要目标。

三、中国式农业农村现代化的实现路径

（一）在“大国小农”基础上推动农业农村现代化

中国是一个历史悠久、富有小农传统的农业大国，也是一个人多地少的发展中国家。根据第三次农业普查数据，全国98%以上的农业经营主体是小农户，小农户经营的耕地面积占耕地总面积的70%；“大国小农”的基本国情农情将长期存在，小农户仍然是我国农业农村发展的基础力量，也是保障粮食安全和农产品有效供给的基本单元。因此，小农户经营将贯穿我国农业农村现代化全过程，始终是农业农村现代化的底色。在“大国小农”基础上推进农业农村现代化，需要理解“以农为本兴农业”的底层逻辑，尊重农民的主体地位，促进小农户与现代农业发展有效衔接。

第一，提升农业社会化服务能力，实现小农户与现代农业的有效衔接。“大国小农”的基本国情及快速的工业化城镇化背景下，由于大量青壮年劳动力外出务工，小农经营面临老龄化、低学历、兼业化及土地经营规模小的突出特点，务工收入成为农民收入增长的主要途径，农业生产面临粗放经营的局面，要有效发挥社会化服务组织在社会分工下的规模效应、劳动替代效应和技术进步效应，促进农业全要素生产率的提高，提高农业生产经营效益和增加农民收入。在社会化服务方面，

要培育适应小农户需求的多元化多层次农业生产性服务组织，如农业服务公司、农民专业合作社、农村集体经济组织、基层供销合作社，并鼓励各类主体采取订单式、托管式、站点式、平台式、合作式等多种方式，为小农户和各类新型农业经营主体提供农资供应、配方施肥、农机作业、统防统治、收储加工、物流运输等单环节、多环节、全程生产托管服务，推动小农户经营基础上的农业农村现代化。

第二，培育新型农业经营主体，发挥联农带农作用助推农业农村现代化。推进中国式农业农村现代化，就要将先进技术、现代装备、管理理念引入农业农村，将基础设施和公共服务向乡村延伸，提高农业生产效率，改善乡村面貌，提升农民生活品质，促进农业全面升级、农村全面进步、农民全面发展，最终建成农业强国。新型农业经营主体资金实力较强，农业经营管理能力强，能够发挥技术优势和提升农业装备水平，是农业农村现代化充满活力的核心力量。农业家庭经营制度下，新型农业经营主体带动农业农村现代化，要以农地流转为前提，健全承包土地经营权确权登记制度，推进土地承包经营权确权登记颁证工作，发展农村土地经营权流转交易市场，提供土地流转信息、咨询、评估等服务，提高土地流转的透明度和高效性。同时，创新土地流转模式，鼓励发展适度规模经营、股份合作共营、专业合作联营、全程托管经营、企业租赁经营、“大园区+小农场”的土地适度规模经营等。

此外，要统筹兼顾培育新型农业经营主体和扶持小农户，建立健全新型农业经营主体与小农户生产联动、利益共享的联农带农机制，在推动土地向新型农业经营主体集中的过程中，保护和带动小农户增产增收，实现农业农村现代化。

第三，关注农地流转中可能存在的简单追求扩大规模等问题，夯实农业农村现代化发展的基础。我国农业农村现代化要

以保障国家粮食安全为前提，因此新型农业经营主体在发展过程中要提高土地产出率和资源利用率，不能过分强调扩大土地经营规模，而应强调发展农业适度规模经营。在促进农地流转、实现农业适度规模经营过程中，要关注土地流转过程中土地成本、劳动用工成本的增加可能引起的农业生产经营成本提高、农业竞争力不强和国民福利下降等问题。也要注意在农业规模经营过程中，由于对财政补贴的觊觎而导致非专业人员进入农业生产经营领域出现的农业生产经营不稳定问题，以及规模经营补贴导致土地流转费用提高而可能引起的大规模经营主体对中小适度规模经营主体的挤出问题；同时要避免片面注重发展大规模经营主体，一味地扶持一些明星主体、明星社，把大量资源要素堆积给少数主体的情况，因为这种靠帮扶手段扶持起来的"盆景式"农业农村现代化主体的经验并不可复制推广，并且有可能造成资源浪费、资源占有不平衡、发展不全面的局面。因此促进农地流转过程中要把重点放在鼓励新型农业经营主体实现适度规模经营和自身健康发展上，推进共同富裕目标下的农业农村现代化。

（二）在城乡共同繁荣的基础上推进农业农村现代化

经济发展进入新阶段后，我国社会的主要矛盾转变为人民日益增长的美好生活需要和经济社会发展不平衡不充分的矛盾。不平衡主要是城乡发展的不平衡，不充分主要是农业农村发展不充分。加快推进农业农村现代化，是全面建设社会主义现代化国家的重大任务，是解决不平衡、不充分问题的重要举措，是推动农业农村高质量发展的必然选择。城乡共同繁荣能够通过以城带乡、以工促农，统筹推动新型城镇化和乡村振兴。因此，城乡共同繁荣是促进农业农村现代化发展的重要前提和动力。城乡共同繁荣基础上的农业农村现代化强调农业农村现代化与城乡经济社会的协调发展，注重保障农民的收入和生活条件，促进城乡经济

一体化发展，带动农业现代化和农村全面繁荣。这需要政府、农民、企业和社会各界的共同努力与支持。

第一，发挥市场的决定性作用，构建城乡统一的要素市场。重视市场机制作用与功能的发挥，以完善产权制度和要素市场化配置改革为重点，实现产权有效激励、要素自由流动、价格反应灵活、竞争公平有序、企业优胜劣汰。注重统筹规划和体制机制改革创新，从根本上拆除城乡二元体制机制藩篱，推动城乡地位平等、资源要素双向流动、产业对接，优化城乡生产力布局，实现城乡融合发展，形成城乡产业发展优势互补、互为支撑的新格局。

第二，更好地发挥政府的作用，推进城乡基础设施和公共服务一体化。一是推进政府职能转换，改变政府干预过多和不当干预市场的现象，实现政府和市场的合理分工。二是良好的生活环境、完善的基础设施和便利的公共服务是振兴乡村、聚集人气的硬件要求。因此，要发挥财政资金的整合和撬动作用，一方面整合方向相近、用途类同的财政资金，推进财政资金统筹使用，化零为整，优化财政支农资金配置效率和使用效益，保障农村教育事业发展、农村人居环境改善和美丽乡村建设；另一方面通过补助、担保、贴息等方式，发挥财政资金的杠杆作用，改善农村交通、水利、电力、通信网络、人居环境等基础设施，引领村庄环境美化，补齐防疫、养老、教育、医疗等乡村公共服务业的短板，确保农民能够享受与城市居民均等的基础设施和基本公共服务，为农村生产生活提供良好的条件，引导社会资本、金融资本重点投向农业农村。

第三，坚持城乡统筹规划，健全城乡一体化发展的体制机制。建立统一的城乡规划体系，坚持并落实全域规划，将城市规划、农村规划、经济社会发展规划有机结合，坚持“一张蓝图”绘到底，实现城乡要素自由流动和公共资源优化配置，确保城乡发展互利共赢。制定土地利用总体规划，始终严守永久基本农田、生态保护红线、城镇开发边界“三条控制线”，充分考虑规划用地总量和增量，科学布局城市建设用地、农村宅基地、农业用地，促进基本农田保护，避免“非农化”过快占用过多的土地。

完善城乡发展一体化评估机制，及时调整和完善关于城乡发展一体化的各项政策举措，确保城乡一体化发展下农业农村现代化目标的顺利实现。

（三）在始终走绿色发展道路的基础上推动农业农村现代化

我国农业发展仍然面临耕地退化、生物灾害、水土资源约束、农业面源污染、食品安全等多种风险压力。以牺牲生态环境为代价的农业产能是不健康、不可持续的，在推进农业农村现代化的过程中，要始终坚持绿色、可持续发展理念，兼顾经济社会发展和生态环境保护，加强农村生态文明建设，改善农村人居环境，保护农村传统村落，为农民留住鸟语花香的田园风光和美丽乡愁，提高农民生活品质和农产品质量。

第一，健全农业绿色生产体系。构建绿色、有机、生态“三位一体”的生态农业生产体系，围绕“一控两减三基本”，建立绿色农业相关标准和行业规范，确保农产品从种养到初、精深加工及农业废弃物资源化利用全过程无害化，同时优化农业产业结构，打造种养结合、生态循环的田园生态系统，促进小农户与绿色农业发展的有机衔接。坚持以绿色科技创新推动农业绿色循环发展，引导高校、科研院所、企业等共建“科技创新联盟”，重点攻克控肥控药、优良品种繁育、产地环境修复等技术难关，推动绿色农机装备研发升级，并依托高素质农民培育计划，培育绿色技术推广和应用人才，促进绿色科技成果转化和绿色技术先试先行。

第二，完善绿色农业激励约束机制。一方面完善政策激

励。以耕地保护补偿、生态补偿制度和绿色金融激励机制等为重点，加快建立分类科学、区域有别、标准合理、规范统一的农业绿色发展激励政策体系，增强对绿色、节能、环保类生产方式的补贴力度和金融支持力度，鼓励农民采取生态友好的农业生产方式。另一方面强化制度约束。依法依规推进绿色农业发展，建立健全农业资源环境生态监测预警体系和监督执法体系，加大对农业资源环境违法行为的打击力度，完善对重大环境事件、污染事故的责任追究制度，提高违法成本和惩罚标准，并将农业绿色发展与领导干部绩效考核挂钩，引导全社会共同推进农业绿色发展。

第三，完善绿色农业供需链条。从供需两端入手，提升现代绿色农业的整体素质和竞争力。在需求端，通过宣传活动、社交媒体、农村体验游等方式向消费者普及绿色农业的意义和优势，提高其对绿色农产品的认知，强化全社会“大食物、大农业、大资源、大生态”共识，培养城乡居民形成绿色、节约、低碳的消费意识，推动居民饮食结构由“吃饱”向“吃好”和“吃精”转型，引导农业供给侧结构性改革。在供给端，树立“大粮食、大产业、大市场、大流通”理念，顺应居民消费结构和消费习惯的转变，打造绿色优质农产品品牌，并建设绿色化、标准化、规模化、产业化优质高效农产品生产基地，如标准化养殖场、果菜茶标准园、水产健康养殖场，构建农业绿色产业发展链条，助力乡村产业加速由产品经济、数量经济向绿色经济、品牌经济转变。同时，为确保农产品质量安全，应建立低碳、低耗、循环、高效的农产品加工流通体系，并构建全链条可追溯体系，实现农产品源头追溯、流向跟踪、信息存储和产品召回等目标。

（四）在实现农村善治的基础上推动农业农村现代化

乡村治理现代化是农业农村现代化的重要保障。按照诱致性制度变迁理论，农业现代化建立在技术进步的基础上。农业技术进步到一定程度后，需要对制度做出相应的调整和变革，以适应农业生产力水平发展的需要。即农业农村现代化必须立足国情农情，创新乡村治理体系，走乡村善治之路，让农村充满活力又和谐有序。

实现农村善治的农业农村现代化，需要健全自治、法治和德治相结合的农村治理体系，构建自治为基、法治为本、德治为先的治理格局。一是倡导村级民主管理，提升公共事务的透明度，鼓励村民广泛参与决策，调动村民参与农村事务的积极性，提高农村居民的自我管理和自治能力，同时依靠农村党组织、村民委员会、社会组织，探索符合本村实际的多元治理模式，推行网格化管理，解决农村社会面临的各类问题。二是加强乡村治理法治化，用村民喜闻乐见的方式开展法治宣传，如开设“法治课堂”普及法律知识讲座，建设法治微信群推送法治宣传资料，定期组织村民观看普法电影、法制节目，增强农民遵法守法用法的意识。三是发挥村规民约、家风家训在乡村治理中的独特作用，积极宣传本地先进典型、先进事迹，引导农村家庭形成以德治家、以学兴家、文明立家的良好氛围，并探索开展“积分制”“星级户”评级监督方式，完善奖惩制度，推动乡村移风易俗，重塑文明村风。

实现农村善治的农业农村现代化，也需要推进数字化与乡村治理深度融合。一是引导数字农业与智慧农业中的数字要素和数字技术赋能农村治理，强化信息化支撑，构建统一的智慧村庄综合管理服务平台，实现水电、医保、养老等缴费服务“全程网办”“一网通办”，变“群众跑腿”为“信息跑腿”。二是建立“互联网+网格”的治理体系，依托综合管理服务平台或线上软件等智慧系统，通过调度网格员参与基层社会治理事务，实现对网格化服务管理基本要素的动态管理。三是开展

各类数字应用适老化、无障碍化改造升级，破除特殊群体获取和使用信息化服务的障碍，为老年人、残疾人等特殊群体参与数字治理提供保障。

（五）在中国方案的基础上推动农业农村现代化

世界农业现代化主要有3种典型模式，即以美国、加拿大等为代表的规模化农业模式；以日本、荷兰等为代表的精细化农业模式；以法国、意大利等为代表的高值特色农业模式。由于不同国家在农业资源禀赋、工业发展水平、科技创新能力等方面的差异，其农业农村现代化的发展路径各不相同，因此这些模式有一定借鉴意义，却不完全适应中国国情。一些发达国家大多靠掠夺实现农业农村现代化，而我国农业农村现代化主要依托自己的力量，走和平发展道路，靠农业农村自立自强实现。中国的农业农村现代化既要遵循农业农村现代化的一般规律，注重强化现代化建设供给保障能力、升级科技装备、完善农业经营体系、提升农业产业韧性、提高农业竞争力，也要立足“大国小农”的基本国情农情，立足人多地少的资源禀赋、农耕文明的历史底蕴、人与自然和谐共生的时代要求，走中国特色的农业农村现代化道路。可以说，中国式农业农村现代化既有国外一般现代化农业强国的共同特征，更有基于自己国情的中国特色，应该为世界提供中国道路中国方案的农业农村现代化，为世界发展和人类进步做出重要贡献，丰富和发展世界农业农村现代化的理论和实践。

1. 为世界提供中国道路的农业农村现代化

要打造国际一流新型主流媒体，增强国际传播的主动性和效能，向世界发出中国声音，阐述中国式农业农村现代化道路的理论逻辑和现实价值，积极宣传中国式农业农村现代化道路的发展成就，引导国际社会理解支持甚至学习借鉴中国式农业农村现代化的经验。鼓励国内专家利用国际会议、论坛、外国主流媒体等平台和渠道讲好中国故事，加深国际社会对中国式农业农村现代化发展道路和发展模式的理性认识，让国际社会清晰了解中国式农业农村现代化道路的鲜明特点和独特优势。

2. 为世界提供中国方案的农业农村现代化

中国式农业农村现代化取得的成功经验，包括农村产业发展模式、农业科技创新、农村社会管理、粮食安全保障和农产品稳定安全供给、绿色农业发展等方面的经验，可以通过培训指导、交流研讨、技术援助等形式分享给其他发展中国家，帮助其他国家更好地解决农业农村现代化发展中难题。如发挥共建“一带一路”在扩大农业对外开放合作中的重要作用，深化与他国的农业合作，协助东道国探索适合本国农业实际的可持续发展模式；在国际合作框架下，开展全球科研合作，加快境外农业合作示范园区、农业对外开放合作试验区建设，加强上海合作组织农业技术交流培训示范基地建设，促进中国与上合组织国家在农业技术方面的合作发展与开放共享等，展现大国担当，有序推进全球人道主义应急仓库和枢纽建设工作，深度参与世界贸易组织涉农谈判，为全球粮农治理贡献中国智慧。

第二节　中国式农业农村现代化实现路径

中国式现代化本质是“坚持中国共产党领导，坚持中国特色社会主义，实现高质量发展，发展全过程人民民主，丰富人民精神世界，实现全体人民共同富裕，促进人与自然和谐共生，推动构建人类命运共同体，创造人类文明新形态”。中国式现代化不能抛弃任何一个人，中国式现代化脱离不了农村，必须推进中国式农业农村现代化发展，农业农村现代化是实现全体人民共同富裕的基础，是农民走向共同富裕的实践路径。

一、中国式农业农村现代化的内涵

中国式农业农村现代化是中国共产党基于我国实情，在社会主义现代化建设中所推行的农业农村发展模式。农业农村现代化不是农业现代化与农村现代化的简单叠加，不是将“农村”简单的加入已有的农业现代化中，农业农村现代化必然是更为综合的立体的工程，“是农业发展现代化、农村生态现代化、农村文化现代化、乡村治理现代化和农民生活现代化的有机统一”。中国式农业农村现代化依托于中国共产党的领导，发挥党统揽全局、协调各方的作用，推进“三农”的新时代发展。当前，中国共产党从上到下，加快了对农业农村现代化的整体建构，其一，党中央推行相关法律法规、相关政策以实现顶层设计；其二，基层党组织严格执行党中央的路线方针政策，以推行农村基层的现代化发展。当代，农业农村现代化发展离不开党的领导，党的领导贯穿农业农村现代化发展的始终，是中国式农业农村现代化最显著的特征。

二、新时代中国式农业农村现代化的实现路径

（一）夯实粮食安全根基，树立大食物观

民以食为天，食以安为先，中国式农业农村现代化的首先目标是夯实粮食安全根基。粮食安全作为治国理政的头等大事，需把握以下几点。

一是坚守耕地红线，坚决遏制耕地非农化。

二是加强数字化农业建设，加大对粮食生产的科技投入。

三是深化农业供给侧结构性改革，推动高质量兴农之路。

四是实施“藏粮于地、藏粮于技”战略，加强农田与水利设施建设。

因此，夯实粮食安全根基，要在党的领导下，推行科技种植，实现高质量粮食生产。在夯实粮食安全根基基础上，要树

立大食物观，满足民众日益多样的食物需求。推进大食物观建设，首先，要保障食物安全，保障民众身体健康，加强食物安全管理，设定食物安全标准，加强监督与问责；其次，要调整食物生产结构，满足民众多样的食物需求；最后，要保证食物供给的永续，加强科技投入，减少水土资源限制，发展科技农业、绿色农业，保障各地区对于食物消费的诉求。

（二）统筹乡村基础设施，完善公共服务布局

20世纪80年代流行的谚语“要想富，先修路”，放在当今时代仍具有现实意义，乡村经济繁荣，必然离不开交通。当前统筹乡村基础设施建设，需从以下出发：首先，需在党中央的领导下，强化政府调控，补齐乡村基础设施短板，完善乡村基础设施建设；其次，健全乡村基础设施建设管理机制，协调各方需求，做到权责明确、管护到位、制度保障；最后，引导多方力量参与乡村基础设施建设。在统筹乡村基础设施的同时，也需完善公共服务布局。当前，我国乡村公共服务呈现多元化、复杂化、动态化的特点，需加强对乡村公共服务的领导与管理。

首先，需发挥党总揽全局、协调四方的领导核心作用，强化党在县域公共服务的统筹作用。

其次，构建信息化农村公共服务平台，通过数字赋能提升农村公共服务能力，简化公共服务程序。

最后，对农村综合服务设施进行优化升级，对农村教育、医疗、养老、社会救助体系等进行建设。

（三）提高农业科技水平，发展乡村特色产业

新时代以来，科技赋能农业成为中国式农业农村现代化最强劲的引擎。当前，要加强智慧农业建设，加强农业数字化转型，需注意以下几点。

一是优化顶层设计，在数字农业建设中要充分考虑各地资源情况、产业特色，优化农业产业布局。

二是加快现代科技人才与企业“引进来”，优化基础设施与福利保障，减少人才外流。

三是搭建数字化农业农村服务共享平台，简化工作流程，推行资源共享，助力农业生产。

四是规范数字乡村建设标准，构建数字乡村评估指标体系，推进数字乡村规范化建设，为数字农业建设提供支撑。随着农业科技水平的不断提升，乡村特色产业的发展也迎来机遇。

（四）完善农村经济体制，发展新型经营主体

党的二十大报告指出“巩固和完善农村基本经营制度”，并指出具体建设方案，给农村经济体制的完善指明了方向。推进中国式农业农村现代化建设，需继续完善农村经济体制，充分发挥党的领导核心作用，在党的方针政策领导下，结合农村实情，推动农村经济体制转变。近年来，农村经济体制的巩固与完善，壮大了新型农业经营主体。新型农村经营主体作为乡村经济发展重要的参与者，是农村经济繁荣的“添加剂”。

首先，加强各级政府的帮扶力度，加强政策的投入力度，加强宣传教育，开展新型农业经营主体培育工程，培育更多的新型农业经营主体，以适应“互联网+”时代需求。

其次，加强融资力度，拓展融资渠道，壮大新型农业经营主体规模，以形成生产利益最大化。

最后，加强对新型农业经营主体的科技培训与文化教育，以形成适合农村发展的综合素质与农业专业知识等。

（五）深化土地制度改革，鼓励土地依法流转

深化土地制度改革，需始终坚持党的领导，结合中国农村社会现实，适应生产力与生产关系变化，保障农民群体的财产权益。新时代以来，土地制度改革呈现出新特征，土地流转速度加快，土地资源开始集中化、规模化。

其一，需坚持党的领导，发挥农村基层党组织的战斗堡垒作用，带动农村土地制度改革，规范土地流转制度，积极引导进城落户农民参与土地流转。

其二，需健全法律法规，合理规划土地流转各环节，程序规范、流程清楚、财务透明。

其三，需搭建土地流转监督服务一体化平台，利用数字化技术简化土地流转程序，保障土地流转公平公正。

（六）拓展脱贫攻坚成果，全面推进乡村振兴

当前，中国式农业农村现代化建设，需继续拓展脱贫攻坚成果，助力乡村走向繁荣富强。

其一，加强返贫监测帮扶机制建设，及时对出现返贫风险的农户进行监测，并予以帮扶，以降低返贫风险。

其二，加强对乡村产业帮扶，对农民工作帮扶，以稳定农民工作，提高农民收入，保证脱贫人口有持续的工资收入。

其三，加强社会帮扶与金融支持，加大对农村资金与资源的投入力度，重点推动农业转型升级。

同时，全面推进乡村振兴战略需要巩固拓展脱贫攻坚成果，以建设中国式农业农村现代化。

首先，加强顶层设计，党中央、国务院与相关部门需继续出台相关政策、措施，推进脱贫攻坚成果与乡村振兴有效衔接。

其次，重塑城乡关系，推进城乡融合发展，助力城乡统筹发展。

最后，加强乡村治理体系构建，建立健全"党委领导、政府负责、社会协同、公众参与、法治保障"的现代化乡村

治理机制。所以，全面推进乡村振兴战略需形成从上到下一体化乡村治理机制，完善领导主体职责，推进城乡融合，打破城乡壁垒，实现中国式农业农村现代化发展。

第三节　提升区域协调水平的战略举措

当前乡村振兴存在明显的区域内差异和区域间差异，而区域间差异是农业农村现代化地区差异的主要来源，各级政府应深入分析区域乡村振兴的动力机制，明确制约因素和推动因素，补齐现代化短板，注重区域协调发展与时序的协调。

一、分阶段、分类型和协同推进农业强国建设，强化支撑体系

一是分省区梯次推进。结合不同类型的农业资源禀赋，把农业强省、农业强市和农业强县建设作为主抓手，发挥区域示范引领作用。建立科学的考核与评价体系，对现有农业支持保护制度和政策体系进行相应调整和完善。积极关注农业发展的需求侧变化，提升食物综合保障能力，提升农业抗风险能力，开发针对农业风险的多元政策工具和方案组合。

二是分产业有序推进。科技创新的不确定性成为建设农业农村现代化的主要约束，中部地区应尽快提高国产农机装备性能，加快现代信息技术研发和应用。根据不同产业的现有基础和条件，对种业、畜牧、渔业、林草业、农产品加工业等的现状进行研判，明确各地区的发展目标、任务和路径。

三是分主体典型推进。培育各类新型农业经营主体带头人和骨干、创业青年等群体，激活各类新型经营主体的能动性。培育发展农业社会化服务组织，加强农业社会化服务模式创新。完善组织保障，加强对农业农村现代化有关工作的组织领导、统筹规划和政策协调。

四是强化支撑体系建设。实施多元化的自主创新路径，提

升原始创新和集成创新能力，构建各级协同、区域协作、多方参与的农业科技创新生态。优化农业投入产出结构，探索多种类型的绿色种养模式和生产方式，明确其远景目标、实施步骤和各阶段任务，补齐短板，强化弱项。

二、打造现代化全产业链，巩固产业脱贫成果

一是打造现代化全产业链。将乡村产业链更多地留在县域和城镇，推动产品保值增值。构建多元化资金整合方式，多方式培养优秀人才，提高农产品科技水平，提高产业链的运作效率和韧性，实现生产和消费的高效对接。强化产业增值动力，优化品种结构及区域布局，将品牌与风俗习惯、乡土人情等联系起来，同时强化质量安全监管体系。

二是培育乡村产业集群。满足多样化市场需求，激发乡村产业振兴潜力，使农产品高效地实现价值转化。推动建立专业的产业组织，提高小农户的组织化程度，促进形成多元市场共同发展的市场格局，实现商品和生产要素平等交换，引导农户和贸易商进行公平交易。

三是巩固产业脱贫成果。在村集体经济薄弱、组织化程度低、农户参与积极性不高的地区，明确基层党支部与合作社的职能范围，健全合作社组织架构和监管机制。在具有产业基础、市场发育成熟、拥有潜力企业的地区，扩大产业基金的覆盖面。合作社发展能力不强的地区，加强政府的引导和协调功能，完善合作社辅导员的薪酬制度，发挥好合作社辅导员的协助、指导、服务功能。

四是优化农业产业结构。对接国家农产品加工业提升行动，健全冷藏链物流服务体系，加快农产品走出去的步伐，建立农村现代化电商发展模式，对农产品进行精深加工和就地加工。推进农业与旅游、健康、教育、文化产业的深度融合，形成以互联网为基础设施和实现工具的新形态。

三、发挥市场和社会力量，构建发展长效机制

一是发挥市场和社会力量。发挥政府在产业发展中的统筹引导作用，完善欠发达地区的农田灌溉、道路、网络等基础设施建设，完善资金、信贷、税收等方面的扶持政策，加强对农产品生产过程中各环节的监督管理。搭建各类社会平台，营造社会帮扶浓厚氛围，助力欠发达地区产业可持续发展。

二是积极完善支持平台。倡导金融机构和非金融机构加大投融资力度，加强农业信用体系建设，放宽农村抵押物的范围，创新农村引资新方式。推进各大运营商网络平台的搭建，拓展优质农产品市场的深度与广度。

三是注重科技创新与推广。提高农业机械化水平，减少要素的投入成本。探索先进的经营管理技术，提升产业经营效率与管理水平。分阶段制定相应的技术推广规划和中长期路线图。

四是拓展农业多元价值功能。顺应经济增长的效率性演化为功能拓展的稳定性的趋势，挖掘农业中所蕴含的独特农耕基因、精深的生态哲学智慧与优秀的乡村文化，提升农民的精神风貌。确立乡村集体意志，保护乡土文化遗产。

四、提升农户人力资本水平，拓展可持续增收渠道

一是建构产业振兴的人才培育体系。挖掘农业多元价值，拓宽农民增收渠道，优化乡村非农就业结构。发挥当地高校与科研院所的技术优势，开展乡村产业高效发展的技术指导，进一步拓展农业多种功能。

二是增强财政对农村教育的投入。强化城乡教育机会均等化，改善农村办学条件，加大对农村居民职业教育的投入。在引进乡村产业投资者的同时，也培养乡村产业新型经营者，把增值收益、就业岗位尽量留给农民。

三是突出增值收益合理分配。加大对紧密型利益联结模式的激励和补偿，对积极利润返还的涉农企业给予财政激励或税收优惠。加强订单农业、土地流转等方面的法律援助，完善风险防控和损失补偿机制，加大对失信违约行为的惩处力度，加快农村信用体系建设。

四是秉持城乡融合的发展逻辑。构建新型工农城乡关系，促进城乡融合发展，为开放村庄激活潜能。发挥县城连接城市、服务乡村的作用，吸纳县域内农业转移人口，缓解人地矛盾，鼓励农民就地就近就业。制定区域协同发展策略，鼓励"输血式"帮扶向互利共赢的"造血式"帮扶转变，为互利互惠创造有利条件。

五、促进区域协同，丰富协调的渠道与内容

一是明晰主体差异化利益诉求。区域协同涉及的利益关系与协调主体较为复杂，应借助交流平台加强信息沟通，使各利益主体充分表达自身的利益诉求，特别注重给予弱势地区和群体话语权。

二是规范健全区域协调机制。采用联席会议制度及双向互访、挂职锻炼等方式进行政府间的协商，通过园区共建、产销协作促进相关产业实现产销结合、产学研结合。聚焦医保异地结算以及交通服务的互通，推动医保异地报销和交通卡互通，开展异地医保直接结算业务。

三是丰富协调的渠道与内容。丰富规划、政策、机制、评估与法治等区域一体化内容，加强区域战略总体规划与专项规划全流程的衔接，形成点面、远近、上下相结合的规划体系。瞄准更高水平开放型经济发展目标，构建多元、立体、动态的政策协同体系。支持各级政府探索形式多样的合作机制，提升区际合作稳定性和可持续性。

四是完善利益评估与反馈机制。加强专业性第三方评估的

独立性和权威性，促进不同领域评估过程和结果的对接、整合、共享。通过环境联防联控强化生态环境的跨区域治理能力，促进食品安全生产标准的统一和信息共享机制建设，实现危险品运输的全过程监管，强化利益监督机制与征信联动机制。

六、消除要素再配置的制度障碍，优化涉农政策结构

一是消除要素再配置的制度障碍。发挥政府在农业农村现代化过程中的驱动作用，持续增加针对教育、培训、医疗等领域的财政投资，降低商品流动和要素配置的成本。完善政府间的经济制度安排，明确农业农村现代化的时间表和路线图。

二是加大财政对农村的投入。提高农业抵御水旱灾害的能力，加大财政对农业新基建的投入，强化农业机器人等在农业生产中的应用，加快大数据平台建设，加大财政对农业生物育种的投入。

三是完善财政支持农村土地流转的政策。加大财政对土地流出农民就业创业的支持，对创办实体的农户给予税费减免和财政补贴政策支持，让农村居民更多分享土地增值收益。

四是完善财政调节收入分配的相关政策。完善农业生产补贴政策，合理提高政府补助标准，兜牢基本生活底线。积极搭建各类服务平台，构建长效的再分配机制，为农业发展提供持续的动力。

第四节　运用“千万工程”经验实现农村现代化

学习“千万工程”经验，关键是要学习其精神实质，把握其经验内涵：在思想认识层面，要认识到“千万工程”对建设宜居宜业和美乡村，对“三农”工作以及促进城乡融合发展的重要性；在方法论层面，“千万工程”既有整体设计，

又结合不同地区的基础条件和资源禀赋，注重区域协调；在改革联动层面，"千万工程"不仅包括硬件建设，还涉及土地制度改革、壮大农村集体经济等内容。

一、向高端精品、强链延链升级

注重向科技与金融要空间、向品质与特色要效益、向创意与服务要市场，着力发展高端农业、精品农业、品牌农业，提高农业的全要素生产率。工作重点是大力发展设施农业，规划布局，建设现代设施农业片区，引导种植业、养殖业的现代设施农业项目向片区集聚。大力推进种业振兴，积极打造具有地方特色的种业创新基地和产业孵化基地，打造行业领先的特色优势种业企业。

二、向宜居宜业、塑形铸魂升级

当前，乡村建设的主要问题是内生动力不足、更高水平的和美乡村建设覆盖面不广、城乡融合发展水平不高。乡村建设既要注重政府主导，又要引入市场机制；既要实现有效供给，又要实现有效管护；既要防止大拆大建，又要避免低效率配置；既要注重普惠性、基础性、兜底性，又要注重发展性。

因此，我们将注重政府引导、市场参与，推进乡村组团式发展、片区化建设，加强村庄环境综合整治。工作重点是建设宜居宜业和美乡村，由点及面推进宜居宜业和美乡村建设，提前完成"十四五"乡村振兴示范村建设任务，开展"五好两宜"和美乡村片区化建设试点。优化乡村建设多元投入机制，公益性设施主要由财政资金投入建设，重点突出改善农村生产生活条件；乡村产业项目主要由社会资本投资建设，做优做精乡村新产业新业态。

三、向联农惠农、城乡共富升级

当前，乡村治理的难点在于生产生活方式的现代化，收入

水平的差距、人口结构的差异和基础设施的差别是根本原因。做好“三农”工作，就是要回答发展为了谁、依靠谁，发展成果由谁共享这一根本问题，让乡村治理体系更加完善，乡风文明程度持续提升，农民的物质更加富裕、精神更加富足、生活更加美好。

因此，我们将注重把缩小城乡差距的着力点放在农村，把缩小收入差距的着力点放在农民，全面推进第三轮农村综合帮扶，探索集体资源资产高效利用新途径，推动农民收入持续较快增长。工作重点是发展壮大农村集体经济，以农村产权交易流程规范化试点为契机，加快交易平台建设，推动农村产权交易，发掘、实现农村资产价值，持续提升集体资产增量、收益分配总量、净资产收益率。着力提升乡村治理效能，积极推广清单制、积分制等务实管用治理方式，实现网格化管理、精细化服务、数字化赋能。

主要参考文献

本书编写组，2024."千万工程"干部读本［M］.北京：党建读物出版社，杭州：浙江人民出版社.

顾益康，2021."千万工程"与美丽乡村［M］.杭州：浙江大学出版社.

李军，张晏齐，2024."千万工程"经验助推乡村建设的历史逻辑与实践路径［J］.南京农业大学学报（社会科学版），24（2）：16-26.

潘伟光，顾益康，沈希，2024.读懂"千万工程"推进乡村全面振兴［M］.北京：中国农业出版社.

任初轩，2024.如何运用"千万工程"经验［M］.北京：人民日报出版社.